Photoshop 图像处理基础教程

主编　刘芳芳　李海生

黄河水利出版社

·郑州·

内 容 提 要

本书以介绍 Photoshop 软件的基本工具为主,按照工具的分类进行章节划分,图文并茂、详细介绍了各种工具、命令,如图层、蒙版、通道、滤镜及其特效、色彩调整等的使用方法和技巧,并配有相对应的案例供读者及时练习。

本书可作为相关培训机构和中职院校平面设计专业教材,也可作为各类计算机平面设计、制作从业人员参考用书。

图书在版编目(CIP)数据

Photoshop 图像处理基础教程/刘芳芳,李海生主编.
—郑州:黄河水利出版社,2022.1
ISBN 978 - 7 - 5509 - 3225 - 8

Ⅰ.①P⋯ Ⅱ.①刘⋯ ②李⋯ Ⅲ.①图像处理软件 –
教材 Ⅳ.①TP391.413

中国版本图书馆 CIP 数据核字(2022)第 021313 号

组稿编辑:田丽萍   电话:0371-66025553   E-mail:912810592@ qq. com

出 版 社:黄河水利出版社   网址:www. yrcp. com
        地址:河南省郑州市顺河路黄委会综合楼 14 层   邮政编码:450003
发行单位:黄河水利出版社
        发行部电话:0371-66026940、66020550、66028024、66022620(传真)
        E-mail:hhslcbs@ 126. com
承印单位:河南印象一品文化传媒有限公司
开本:787 mm×1 092 mm   1/16
印张:16
字数:370 千字
版次:2022 年 1 月第 1 版   印次:2022 年 1 月第 1 次印刷
定价:80. 00 元

前 言

Photoshop 是一个优秀的图像处理软件,是广告平面设计、包装设计、界面设计、图标设计及网页设计等应用领域的必备软件。

本书以介绍 Photoshop 软件的基本工具为主,按照工具的分类进行章节划分,图文并茂、详细介绍了工具的使用方法和技巧,并配有相对应的案例供读者及时练习。用简单而真实的设计任务驱动,一步一步带领读者走进图像处理的广阔天地。

本书章节编排安排如下:第 1 章初识 Photoshop CC 2017,介绍 Photoshop 的发展历程和应用领域以及基本操作,详细介绍了图像处理的基本概念。第 2~9 章使用专题的形式分别介绍了 Photoshop 不同工具和命令的使用方法、技巧和应用领域,知识讲解详细,图文结合,非常适合作为 Photoshop 的基础教程。除了基础知识的介绍,每个章节还提供了经典的案例供练习,达到学以致用的目标。第 10 章介绍了平面设计常见的应用领域的经典案例,包括照片调色、封面设计、创意画笔、包装设计、海报设计,使读者能够较全面地掌握各个平面设计领域的行业需求和专业技能,提升市场意识并提高使用软件的综合能力。

本书由济源职业技术学校刘芳芳、李海生担任主编,李丽娜、贺国君、卫洁参编。

由于教学需要,在本书中引用了一些公司标志、产品图片、明星照片等,未一一注明出处,在此向原作者表示感谢!

由于作者水平有限,加之时间仓促,书中疏漏之处在所难免,敬请广大读者批评指正、不吝赐教。

编 者

2021 年 10 月

目　录

第 1 章　初识 Photoshop CC 2017

1.1　Photoshop 的发展历程

Photoshop 的创始人是美国密歇根大学博士研究生托马斯·诺尔（Thomes Knoll）和约翰·诺尔（John Knoll）兄弟。诺尔兄弟被 Adobe 公司纳入麾下，和 Adobe 程序员们一起开发了这款专业级图像编辑软件，其用户界面易懂、功能完善、性能稳定，是目前最为流行的图形图像编辑应用软件。

1990 年，Photoshop 1.0 正式发布，被正式命名为 Adobe Photoshop V1.0。到 Photoshop CC 2020 版本，经历了 29 年的产品更新换代，几乎每年都有版本和功能的更新，最终给用户呈现了功能强大、性能稳定的一款图像编辑软件。

1.2　Photoshop 的应用领域

Photoshop 是一款很好的图像处理软件，它的应用领域很广泛，在出版行业、广告创意、平面构成、网页设计领域，三维效果处理及图像后期合成等方面都有涉及，在广告、出版和软件公司，Photoshop 都是首选的平面设计工具。接下来，就来看一看 Photoshop 的十大应用领域，给 Photoshop 的初学者一个学习方向和定位。

1.2.1　平面设计

平面设计是 Photoshop 应用最为广泛的领域，比如图书封面、招贴、海报、喷绘等这些具有丰富图像的平面印刷品，基本上都需要 Photoshop 软件对图像进行处理。

1.2.2　照片处理、广告摄影

Photoshop 具有强大的图像修饰、图像合成以及调色功能。利用这些功能可以快速修复照片，也可以修复人脸上的斑点等缺陷。广告摄影作为一种对视觉要求非常严格的工作，其最终成品往往要经过 Photoshop 的修改才能得到满意的效果。当前越来越多的婚纱影楼开始使用数码相机，像影楼照片的设计处理就成为一个新兴的行业。

1.2.3　创意合成

创意合成是 Photoshop 的常用处理方式，通过 Photoshop 可以将原本风马牛不相及的对象组合在一起，形成富有创意的设计，使用 Photoshop 可以使图像发生视觉巨变。

1.2.4 艺术文字

文字遇到 Photoshop,就可以实现意想不到的效果。利用 Photoshop 可以使文字发生各种各样的变化,包括样式及颜色的改变,并利用这些艺术化处理后的文字为图像增加效果,所以在一些文档中,自带的艺术效果不理想时,可以使用 Photoshop 进行艺术字的创作。

1.2.5 网页制作与美工设计

Photoshop 是被称为"网页制作三剑客"之一的软件。由于网站的设计中需要使用 Photoshop 进行前期的样式设计,因此在制作网页时,Photoshop 是必不可少的图像处理软件。

1.2.6 效果图后期处理

在使用 3D 效果图渲染三维场景时,一些人物或景物不适合在 3D 场景中制作,人物与配景以及场景的颜色就需要在 Photoshop 中增加并调整。

1.2.7 绘制和处理材质贴图

三维软件能够制作出精良的模型,而逼真的贴图,通常需要先用 Photoshop 进行加工,然后再在三维软件中进行贴图使用,这样才能得到较好的渲染效果。实际上,在制作材质时,除要依靠软件本身具有的材质功能外,利用 Photoshop 制作在三维软件中无法得到的合适的材质也非常重要。

1.2.8 绘画

Photoshop 具有良好的绘画与调色功能,使用 Photoshop 绘制插画可以满足更多的设计需要,所以许多插画设计师以及绘画制作者可以先利用 Photoshop 的笔画功能结合手绘板,在一定程度上替代常规绘画操作,然后用 Photoshop 填色的方法来绘制插画。

1.2.9 界面设计

目前来说界面设计是一个新兴的领域,已经受到越来越多的软件企业及开发者的重视,已经成为一种全新的职业,一些专业的界面设计师的收入也是相当不错的。在界面设计行业,绝大多数设计者使用的都是 Photoshop。

1.2.10 图标以及 logo 制作

使用 Photoshop 制作的图标表现形式多样,非常精美。此外,还有一些设计师使用 CorelDRAW、Illustrator 软件设计。

上述列出了 Photoshop 应用的十大领域,但实际上其应用领域不止上述这些。所以,学习 Photoshop 未来前景还是有的,主要是要自己感兴趣,特别是对于一些半路出家的 Photoshop 学习者,如果想要在图像处理和美工设计中有一个清晰的定位,还要本身对美工设计有一定的理解和喜欢才可以。

1.3　Photoshop CC 2017 的基本操作

1.3.1　了解 Photoshop CC 工作界面

初次启动 Photoshop CC 2017 程序,会看到默认工作区,由菜单栏、工具选项栏、标题栏、工具箱、文档窗口、状态栏和面板组七部分组成,如图1-1 所示。

图 1-1　Photoshop CC 2017 的工作界面

1. 菜单栏

菜单栏包含了 Photoshop CC 2017 所有的操作命令,Photoshop CC 2017 提供了 11 个菜单项,选择相应的菜单命令即可执行相应的操作,有些菜单命令的后面对应有快捷方式,如图 1-2 所示为"图像"菜单示例。

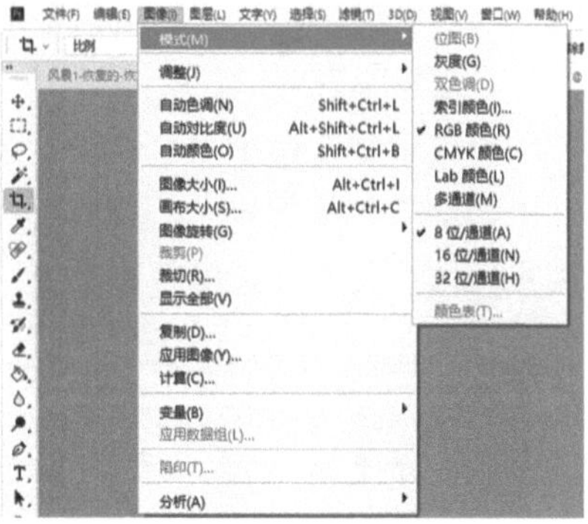

2. 工具选项栏

当用户单击工具箱中的工具后,在工具选项栏中会出现其相应的选项,方便用户对其进行设置。

3. 标题栏

标题栏用于显示文件名称、格式等信息。

4. 工具箱

图 1-2　菜单栏中的"图像"菜单

工具箱中包含了 Photoshop CC 2017 的常用工具,按照功能和用途可分为:移动工具、选择工具、裁剪与切片工具、吸管与测量工具、修饰工具、绘画工具、绘图与文字工具、导航工具,如图 1-3 所示。单击相应的按钮即可选择该工具,如果工具按钮右下角有三角形标志,表示这里包含一组工具,只要单击鼠标右键或按住鼠标左键不松,即可显示该组中的

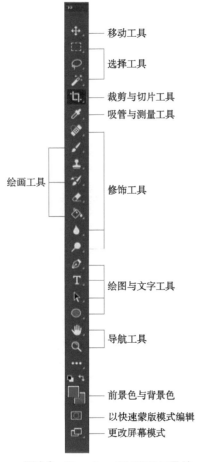

移动工具

选择工具

裁剪与切片工具

吸管与测量工具

绘画工具

修饰工具

绘图与文字工具

导航工具

前景色与背景色

以快速蒙版模式编辑

更改屏幕模式

图 1-3　Photoshop CC 2017 **工具箱**

所有工具。

5．文档窗口

文档窗口用于显示正在使用的文件，也就是常说的画布，是对图像进行浏览和编辑操作的主要场所，具有显示图像文件、编辑或处理图像等功能。在 Photoshop CC 2017 中可以打开多个文档窗口，并可以以选项卡的形式对文档窗口进行排列。

6．状态栏

状态栏位于窗口的底部，用于显示当前图像的信息，如文档大小、测量比例等。状态栏的最左边是图像测量比例栏，输入数值按 Enter 键，可按输入的比例来预览该图像文件。单击状态栏右边的三角形按钮，将弹出 12 种选择信息菜单，如图 1-4 所示。

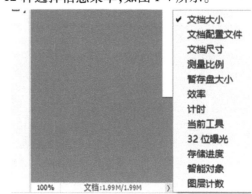

图 1-4　Photoshop CC 2017 **状态栏**

7．面板组

面板组默认位于窗口的最右侧，通过它可以选择颜色、编辑图层、新建通道、编辑路径和撤销编辑等操作，包含多种可以折叠、移动并任意组合的功能面板，如图 1-5 所示，方便用户操作。每个面板的右边都有一个菜单按钮，单击可展开该面板的菜单。

1.3.2　文档基础操作

1．新建文档

执行"文件"—"新建"命令，或按"Ctrl + N"组合键，弹出"新建文档"对话框，在该对话框中设置各项参数，然后单击"创建"按钮即可新建一个空白文档，如图 1-6 所示。

Photoshop CC 2017 新建文档更智能，新建文档的预设、展示方式变得更直接，功能更全面、更强大。新增照片、打印、图稿海报大小、Web、移动设备等尺寸选择，方便快捷，在面板右侧的预设详细信息中可以进行分辨率和颜色模式的设置。

2．保存文档

保存新建文档，执行"文件"—"存储"命令，或按"Ctrl + S"组合键。另存文档时，执

图 1-5　Photoshop CC 2017 部分面板

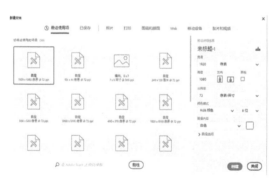

图 1-6　"新建文档"对话框

行"文件"—"存储为"命令,会弹出"另存为"对话框,设置文件的保存位置、文件名、文件格式,然后单击"保存"按钮,如图 1-7 所示。若保存已有文档,不再弹出"另存为"对话框。

3. 打开文档

执行"文件"—"打开"命令,或按"Ctrl + O"组合键,在弹出的"打开"对话框中,选择要打开的文档。如果需要同时打开同一目录下多个图像文件,则在"打开"对话框中,按住 Ctrl 键单击多个图像文件,然后单击"打开"按钮,如图 1-8、图 1-9 所示。

1.3.3　设置画布尺寸和图像大小

1. 设置画布尺寸

使用"画布大小"命令可以增加或裁切画布工作区,同样也适用于修改图像尺寸。与

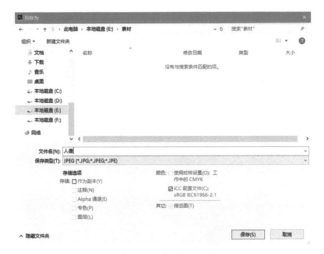

图1-7　"另存为"对话框

图1-8　选择一个文件的"打开"对话框

使用裁切工具相比,使用"画布大小"命令裁切图像更为精确。

　　执行"图像"—"画布大小"命令,弹出"画布大小"对话框,如图1-10所示,修改宽度或者高度等相关参数,单击"确定"按钮即可。

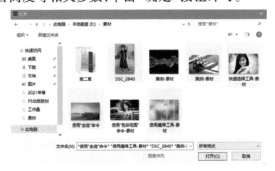

图1-9　选择多个文件的"打开"对话框

图1-10　"画布大小"对话框

　　当前大小:显示文件大小和画布原有宽度和高度。

　　新建大小:设置新画布的宽度、高度,如果画布尺寸小于图像尺寸,图像将被剪裁。

"相对"复选框:勾选此选项,则新建尺寸是在原画布基础上增加或减小,正值表示画布增大,负值表示画布减小。

定位:由 9 个方块按钮组成,单击某个方块按钮,画布与方块按钮相邻的边将不被扩展或裁切,不相邻的边将按照新的尺寸被均匀地扩展或裁切。

画布扩展颜色:设定被扩展的画布颜色,下拉列表框中有前景、背景、白色、黑色、灰色及其他六个选项。

2. 改变图像大小

执行"图像"—"图像大小"命令,弹出"图像大小"对话框,如图 1-11 所示,修改宽度和高度等相关参数,单击"确定"按钮,即可改变图像的大小。

图 1-11　"图像大小"对话框

图像大小:显示图片的存储大小。

尺寸:通过下拉三角可以改变尺寸大小。

调整为:可以选择预设的图像大小选项。

宽度和高度:输入自定义数值,设置图像的大小。左侧有个"约束比例"开关,打开此开关输入数值时,可以发现两个文本框的数值是按照比例自动变化的,如果不想让数值按比例自动变化,可以单击"约束比例"按键,使此开关关闭。

分辨率:在文本框中输入数值可以改变图像的分辨率,图像大小也会随着变化。

"重新采样"复选框:勾选时主要用于网页,调节的是网页尺寸;不勾选时主要用于打印,调节的是图像分辨率。

(1)自动:也是 Photoshop 里面的默认选项,选择此选项时 Photoshop 会根据对图像的操作自动进行选择。

(2)保留细节(扩大):主要是减少图片的杂色,如果图片不是很精细基本看不出来,在放大图像时可使用"减少杂色"滑块消除杂色,会让图片更加细腻。

(3)两次立方(较平滑)(扩大):是在自动之上让图像更加平滑的一种优化。

(4)两次立方(较锐利)(缩小):与上面的操作正好相反,主要是更大化地保留图片的细节,此方法会在重新取样后的图像中保留细节。

(5)两次立方(平滑渐变):是将周围像素值作为依据的一种分析,处理的图片精度较高,产生的色调渐变比"邻近"或"两次线性"更为平滑。

(6)邻近(硬边缘):这种和两次立方有点不同的是,处理速度较快但是精度却不高。

(7)两次线性:这种方式生成的图片比较中等,是一种通过平均周围像素颜色值来添加像素的方法。

注:画布就是画纸,图像就是画纸上的图。一个是改变画纸的大小,一个是改变画纸上图的比例大小。

在 Photoshop 的尺寸单位中,像素一般用在网页中,而厘米等经常用在打印、印刷中。

1.3.4　缩放工具

"缩放工具" 🔍 主要用来放大、缩小图片。在 Photoshop 中缩放图片的方法有以下几种:

单击工具箱中的"缩放工具" 🔍 ,在图像上单击鼠标左键可放大图片,按住 Alt 键单击鼠标左键可缩小图片。

双击"缩放工具" 🔍 ,可以查看图片的原图大小,无论图片缩小或放大到什么程度,只要双击"缩放工具"都可以还原到百分百的原图比例。

使用组合键 Ctrl + +或者 Ctrl + - ,可以对图片进行放大或缩小。

使用组合键 Ctrl + O,可以按照 Photoshop 工作区屏幕大小进行缩放。

1.3.5　移动工具和抓手工具

(1)"移动工具"(快捷键 V)主要用于实现图层的选择、移动等基本操作。

选择"移动工具"后,选中目标图层,使用鼠标左键在画布上拖动,即可将该图层移动到画布中的任何位置。

使用"移动工具"时的一些实用小技巧:

按住 Shift 键不放,可使图层沿水平、竖直或 45°的方向移动。

按住 Alt 键的同时移动图层,可对图层进行移动复制。

选择"移动工具"后,可通过其选项栏中的"对齐"及"分布"选项,快速对多个选中的图层执行"对齐"或"分布"操作,如图 1-12 所示。

图 1-12　"移动工具"选项栏

使用"移动工具"时,使用方向键→、←、↑、↓,可以将对象一次移动一个像素的距离;如果按住 Shift 键,再按方向键,则可以每次移动 10 个像素的距离。

(2)"抓手工具"不是用来移动物体的,与物体所在的图层无关,若要移动物体,需要选中其所在图层,用"移动工具"即可,而"抓手工具"是在画布超出视觉范围的时候,用来移动画布的,通俗点讲,相当于是画布出现了滚动条。

1.4　图像处理的基本概念

在使用 Photoshop CC 2017 进行图像处理之前,首先必须了解图像处理的一些基本概念,进而使用户建立数字图像的概念,了解图像的基本编辑手法,以及专业术语和基本知识。只有掌握了这些基础知识,才能更好地发挥 Photoshop CC 2017 带来的优越功能,制作出高水准的作品。

1.4.1　位图与矢量图

计算机图形图像一般可以分为位图图像和矢量图形两大类,Photoshop 主要处理位图,Illustrator 和 CorelDRAW 主要处理矢量图。

1. 位图

位图也称点阵图像,是由许多像素点组成的,每个像素都有一个颜色。位图的特点是与分辨率有关,能够制作出色彩丰富的图像并产生逼真的效果,也很容易在不同软件之间交换使用,但是位图放大后会失真,占用存储空间也较大。

2. 矢量图

矢量图是根据几何特性来绘制图形的,矢量可以是一个点或一条线,矢量图只能靠软件生成。矢量图的特点是与分辨率无关,文件占用内存空间较小,在进行缩放、旋转等操作时,可以保持对象光滑无锯齿,不会失真,但不易制作色彩丰富的图像,也不易在不同的软件中交换使用。

1.4.2　分辨率

分辨率是指单位长度内所包含的像素点的多少,它的单位通常为"像素/英寸"或者"像素/厘米"。分辨率决定了位图细节的精细程度,通常情况下,分辨率越高,包含的像素越多,细节就越丰富,图像就越清晰。图像分辨率和图像大小有着密切的关系,图像分辨率越高,图像的信息量就越大,因而文件也就越大。

常用分辨率大小如下:

72 dpi 是标准的"屏幕"分辨率,72 dpi 包含 5184 个像素。

300 dpi 是杂志所使用的标准分辨率,1 平方英寸的大小尺寸一共有 9 万个像素。

200 dpi 的分辨率适合印刷在报纸上,1 平方英寸的大小尺寸一共有 4 万个像素。

1.4.3　颜色模式

在 Photoshop 中,颜色模式是一种记录图像颜色的方式,可决定用来显示和打印的 Photoshop 文件色彩模型。颜色模式分为位图模式、灰度模式、双色调模式、索引颜色模式、RGB 颜色模式、CMYK 颜色模式、Lab 颜色模式和多通道模式,通过"图像"—"模式"命令可进行选择。

1. 位图模式

位图模式使用两种颜色(黑、白)值来表示图像中的像素。位图模式的图像也称为黑白图像,它的每一个像素都是用 1 位的位分辨率来记录的,所要求的磁盘空间最少。要将双色调模式的图像转换成位图模式,必须先将图像转换成灰度模式。在位图模式下,不能制作出色调丰富的图像。

由于位图模式只用黑白色来表示图像的像素,在将图像转换为位图模式时会丢失大量细节,因此 Photoshop 提供了几种算法来模拟图像中丢失的细节。在宽度、高度和分辨率相同的情况下,位图模式的图像尺寸最小,约为灰度模式的 1/7 和 RGB 颜色模式的 1/22。

2. 灰度模式

灰度模式图像的像素由 8 位的位分辨率来记录,由此最多可使用 256 级的灰度。灰度图像的每个像素均有一个 0(黑色)~255(白色)之间的灰度值。灰度值也可以用黑色油墨覆盖的百分比来表示,0% 表示白色,100% 表示黑色。使用黑、白或灰度扫描仪产生的图像常以灰度模式显示。人们可以将位图和彩图转换为灰度图。在将彩图转换成高品质的灰度图时,Photoshop 会放弃原图像中的所有颜色信息,转换后的像素灰阶(色度)表示原像素的亮度。

通过使用"通道混合器"命令混合颜色通道信息,可以创建自定义灰度通道。当从灰度模式向 RGB 模式转换时,像素的颜色值取决于其原来的灰度值。灰度图像也可转换为 CMYK 图像(用于创建印刷色四色调,而不必转换为双色调模式)或 Lab 颜色模式图像。

3. 双色调模式

要转换成双色调模式,必须先转换成灰度模式。首先选择"双色调"命令,然后在出现的对话框中设置类型:单色调、双色调、三色调和四色调图像。色调设置完成后设置油墨颜色。值得注意的是,必须在设置好颜色的文本框中为颜色命名,这样才能应用双色调效果。

采用 2~4 种彩色油墨来创建由双色调(2 种颜色)、三色调(3 种颜色)和四色调(4 种颜色)混合其色阶来组成图像。在将灰度图像转换为双色调模式的过程中,可以对色调进行编辑,产生特殊的效果。而使用双色调模式最主要的用途是使用尽量少的颜色表现尽量多的颜色层次,这对于减少印刷成本是很重要的,因为在印刷时,每增加一种色调都需要更大的成本。

4. 索引颜色模式

索引颜色模式的图像是单通道图像,可构建包含 256 种颜色的颜色查找表。在这种模式下只能进行有限的编辑。

当转换为索引颜色模式时,Photoshop 会构建一个颜色查找表(CLUT),用于存放图像中的颜色并为之建立索引。如果原图像中的某种颜色没有出现在查找表中,则程序会自行选取已有颜色中最相近的颜色,或使用已有颜色来模拟该颜色。

通过限制调色板,索引颜色模式可以减小文件大小,同时保持视觉上的品质效果。该模式可用于多媒体动画或网页中。这种模式只提供有限的编辑,如果要进一步编辑,应将该模式临时转换为 RGB 颜色模式。

5. RGB 颜色模式

RGB 颜色模式是 Photoshop 中最常用的一种颜色模式,这是因为在这种模式下处理图像较为方便,而且该模式的图像文件要比 CMYK 图像文件小得多,可以节省更多的内存和存储空间。在 RGB 颜色模式下,Photoshop 所有的命令和滤镜都能正常使用。

Photoshop 的 RGB 颜色模式可为彩色图像中每个像素的 RGB 分量分配一个 0(黑色)~255(白色)之间的强度值。例如,一种明亮的红色,其 R 值为 246,G 值为 20,B 值为 50。当 3 种分量的值相等时,结果是灰色。当所有分量的值都是 255 时,结果是纯白色;当所有值都是 0 时,结果是纯黑色。

RGB 图像只使用 3 种颜色,却能在屏幕上重现多达 1670 万种颜色。RGB 图像为三通道图像,因此每个像素包含 24 位。新建 Photoshop 图像的默认模式为 RGB 颜色模式,而且计算机显示器也总是使用 RGB 模式显示颜色。这意味着,在非 RGB 颜色模式(如 CMYK)下工作时,Photoshop 会临时将数据转换成 RGB 数据,再在屏幕上显示。

6. CMYK 颜色模式

CMYK 颜色模式是一种印刷模式,该模式的图像由印刷分色的 4 种颜色组成,其中 4 个字母分别指青(Cyan)、洋红(Magenta)、黄(Yellow)、黑(Black),在印刷中代表 4 种颜色的油墨。它们是四通道图像,包含 32 位/像素。

在 Photoshop 的 CMYK 颜色模式中,每个像素的每种印刷油墨会被分配一个百分比值。最亮(高光)的颜色分配较低的印刷油墨颜色百分比值,较暗(暗调)的颜色分配较高的印刷油墨颜色百分比值。例如,明亮的红色可能会包含 2% 青色、93% 洋红、90% 黄色和 0% 黑色。在 CMYK 图像中,当 4 种分量的值都为 0% 时,就会产生纯白色。

7. Lab 颜色模式

Lab 颜色模式是 Photoshop 在不同颜色模式之间转换时使用的内部颜色模式。它能毫无偏差地在不同系统和平台之间进行转换。L 代表光亮度分量,范围为 0~100;a 表示从绿到红的光谱变化,b 表示从蓝到黄的光谱变化,两者的范围都是 -120~120。它是目前色彩模式中包含色彩范围最广泛的模式。计算机将 RGB 颜色模式转换成 CMYK 颜色模式时,实际上是先将 RGB 颜色模式转换成 Lab 颜色模式,然后再将 Lab 颜色模式转换成 CMYK 颜色模式。人们可以使用 Lab 颜色模式处理 Photo CD(照片光盘)图像,单独编辑图像中的亮度和颜色值。

Lab 颜色是由 RGB 三基色转换而来的,它是由 RGB 模式转换为 HSB 模式和 CMYK 模式的桥梁。该颜色模式由一个发光率(Luminance)和两个颜色(a,b)轴组成。它由颜色轴所构成的平面上的环形线来表示色的变化,其中径向表示色饱和度的变化,自内向外,饱和度逐渐增高;圆周方向表示色调的变化,每个圆周形成一个色环;而不同的发光率表示不同的亮度并对应不同的环形颜色变化线。它是一种"独立于设备"的颜色模式,即不论使用任何一种监视器或者打印机,Lab 的颜色不变。

8. 多通道模式

多通道模式在各个通道中均使用了 256 个灰度级,可以将 RGB、CMYK、Lab 图像转换为多通道图像,而原来的通道则被转换为专色通道。

多通道模式对有特殊打印要求的图像非常有用。例如,如果图像中只使用了一两种或两三种颜色,使用多通道模式可以减少印刷成本并保证图像颜色的正确输出。

在灰度 RGB 或 CMYK 模式下,可以使用 16 位通道来代替默认的 8 位通道。根据默认情况,8 位通道中包含 256 个色阶,如果增到 16 位,每个通道的色阶数量为 65536 个,这样能得到更多的色彩细节。Photoshop 可以识别和输入 16 位通道的图像,但对于这种图像限制很多,所有的滤镜都不能使用,另外 16 位通道模式的图像不能被印刷。

多通道模式对有特殊打印要求的图像非常有用。例如,如果图像中只使用了一两种或两三种颜色,使用多通道模式可以减少印刷成本并保证图像颜色的正确输出。

1.4.4　常用的文件存储格式

图像格式决定了图像的特点和使用方式,不同格式的图像在应用过程中区别很大,不同的用途决定了不同的图像格式。Photoshop CC 2017 支持 20 多种格式的图像,可对不同格式的图像进行编辑并保存,也可以根据需要将其另存为其他格式的图像。下面主要介绍一些有关图像文件格式的知识和一些常用图像格式的特点。

1. PSD(＊.psd)格式

PSD(＊.psd)格式是 Photoshop 默认的文件格式,这种格式可以存储文档中的所有图层、蒙版、通道、路径、未栅格化的文字、图层样式等信息。在保存图像时,如果图像中包含图层,一般都会用这种格式保存,以方便后期修改。

2. BMP(＊.bmp)格式

BMP(＊.bmp)是一种用于 Windows 操作系统的图像格式,主要用于保存位图图像文件。该格式可以处理 24 位颜色的通道,支持 RGB、位图、灰度和索引模式,但不支持 Alpha 通道,也不支持 CMYK 颜色模式的图像。

3. TIFF(＊.tif)格式

TIFF(＊.tif)的英文全称是 Tagged Image File Format(标记图像文件格式),是一种灵活的位图格式,也是一种通用的文件格式,所有的绘画、图像编辑和排版程序都支持该格式,可以在许多图像软件和平台之间转换。该格式支持具有 Alpha 通道的 CMYK、RGB、Lab、索引颜色和灰度图像,以及没有 Alpha 通道的位图模式图像,Photoshop 可以在 TIFF 文件中储存图层,但是如果在另一个应用程序中打开该文件,则只有拼合图像是可见的。TIFF 文件可以是不压缩的,若文件体积较大,也可以是压缩的,支持 RAW、RLE、LZW、JPEG 等多种压缩方式。

4. JPEG(＊.jpg)格式

JPEG(＊.jpg)格式是由联合图像专家组开发的文件格式。它采用有损压缩方式,具有较好的压缩效果,但是将压缩品质数值设置得较大时,会损失掉图像的某个细节。JPEG(＊.jpg)格式支持 RGB、CMYK 和灰度模式,不支持 Alpha 通道。将一个图像另存为 JPEG(＊.jpg)格式时,可以选择图像的品质和压缩比例,通常情况下会选择"最佳"方式来压缩图像,所产生的品质与原图品质差别不大,但文件大小会小很多。

5. GIF(＊.gif)格式

GIF(动图)是基于在网络上传输图像而创建的文件格式,最多只支持 256 色的 RGB 色阶除数,它支持透明背景的动画,被广泛应用在网络文档中。GIF(＊.gif)格式采用 LZW 无损压缩方式,压缩效果较好,不会占用太多的磁盘空间。

6. EPS(＊.eps)格式

EPS(＊.eps)是为 PostSeript 打印机上输出图像而开发的文件格式,所有的图形、图表和页面排版程序都支持该格式。EPS(＊.eps)格式可以同时包含矢量图形和位图图像,支持 RGB、CMYK、位图、双色调、灰度、索引和 Lab,但不支持 Alpha 通道。

7. PNG(＊.png)格式

PNG(＊.png)格式是作为 GIF 的代替产品而开发的,用于无损压缩可在 Web 上显示图像,同时还支持真彩和灰度级图像的 Alpha 通道透明度。与 GIF 不同的是,PNG 可以保存 24 位真彩色图像,并产生无锯齿状的透明背景度,但某些早期的浏览器不支持该格式。

8. PCX(＊.pcx)格式

PCX(＊.pcx)格式采用 RLE 无损压缩方式,支持 24 位、256 色的图像,适合保存索引和线画稿模式的图像。该格式支持 RGB、索引、灰度和位图模式,但不支持 Alpha 通道。

9. TGA(＊.tga)格式

TGA 文件就是图像的一种格式,几乎没有压缩,所以文件一般很大(1 MB 多),专用于 Truevision(R)视频版系统,目前大部分的作图软件均可打开 TGA 格式,早期的有 ACDSee、Photoshop 等。TGA(＊.tga)格式是计算机上应用最广泛的图像文件格式,它支持 24 位 RGB 图像和 32 位 RGB 图像。

10. DICOM(＊.dcm)格式

DICOM(医学数字成像和通信)格式通常用于传输和存储医学图像,如超声波和扫描图像。DICOM 文件包含图像数据和标头,其中存储了有关病人和医学图像的信息。

11. IFF(＊.iff)格式

IFF(＊.iff)格式是一种通用的数据存储格式,可以关联和存储多种类型的数据。IFF 是一种便携格式,它用于存储静止图片、声音、音乐、视频和文本数据等多种扩展名的文件。

12. PDF(＊.pdf)格式

PDF(＊.pdf)格式是一种便携文档格式,适用于不同的平台,支持矢量数据和位图数据,并支持超链接。具有文件的搜索和导航功能,是 Adobe Illustrator 和 Adobe acrobat 的主要格式。PDF 格式支持 RGB、CMYK、索引、灰度、位图和 Lab 模式,不支持 Alpha 通道。

1.5　实例练习

【案例1-1】　图片欣赏。

1. 案例描述

在 Photoshop 中对图 1-13 所示的图片进行图像大小、画布大小、颜色模式调整,并按不同的比例来欣赏图片。

2. 案例分析

熟悉 Photoshop CC 2017 的操作界面。

学会对图像进行调整。

图 1-13   打开"图片欣赏.jpg"文件

学会使用"抓手工具""缩放工具"等查看图像。

3. 案例实施

（1）通过"开始"—"Adobe Photoshop CC 2017"命令，启动 Photoshop CC 2017，执行"文件"—"打开"命令，打开文件"图片欣赏.jpg"。

（2）执行"图像"—"图像大小"命令，打开"图像大小"对话框，打开"约束比例"开关，在"调整为"列表中选择"1366×768 像素 72 像素/英寸"选项，单击"确定"按钮，图像会增大，如图 1-14 所示。

图 1-14   图像增大

（3）执行"图像"—"画布大小"命令，打开"画布大小"对话框，设置"宽度"为 53 厘米，"高度"为 30 厘米，"画布扩展颜色"为白色，单击"确定"按钮，画布便会增大，如图 1-15 所示。

（4）执行"图像"—"模式"—"多通道"命令，可改变图像的颜色模式；执行"图像"—

图 1-15　画布增大

"图像旋转"—"水平翻转画布"命令,可将图像进行水平翻转,如图 1-16 所示。

图 1-16　改变图像的颜色模式并水平翻转画布

　　(5)利用"缩放工具"对图像进行放大操作后,再利用"抓手工具"在窗口中拖动鼠标来移动图像,方便细致观察各个不同位置。

　　(6)双击"缩放工具"恢复图像大小,执行"视图"—"标尺"命令(或按 Ctrl + R 组合键),可显示或隐藏水平标尺和垂直标尺。

　　(7)将鼠标指针放在水平标尺或垂直标尺上拖动,可以拖出水平参考线或垂直参考线,如图 1-17 所示,再执行"视图"—"显示"—"参考线"命令(或按 Ctrl + H 组合键),可隐藏参考线。

　　(8)执行"窗口"—"历史记录"命令,打开"历史记录"面板,可通过单击面板中的执行步骤来返回所执行的某个操作。

　　(9)执行"文件"—"存储"或"存储为"命令,保存文件。

图 1-17   添加参考线

课后练习

一、填空题

1.组成位图图像的基本单位是＿＿＿＿＿＿＿＿。

2.在 Photoshop 中,创建新图像文件的快捷组合键是＿＿＿＿＿＿＿,打开文件的快捷组合键是＿＿＿＿＿＿＿。

3.在 Photoshop 中,如要创建一个杂志印刷文件,图像文件的色彩模式一般设置为＿＿＿＿＿＿＿模式,分辨率一般是＿＿＿＿＿＿＿像素/英寸以上。

4.对于一幅 CMYK 图像,它共有 CMYK,即青色、＿＿＿＿＿＿＿、＿＿＿＿＿＿＿与＿＿＿＿＿＿＿四个通道,其中 CMYK 称为＿＿＿＿＿＿＿通道,而其他通道如青色称为＿＿＿＿＿＿＿通道。

5.在 Photoshop 中,逐步后退到前面的某个操作步骤时,可使用快捷键＿＿＿＿＿＿＿。

6.在 Photoshop 中存储文件时的默认存储格式是＿＿＿＿＿＿＿。

7.存储动画格式时,存储的文件一般为＿＿＿＿＿＿＿格式,存储的方式用菜单"文件"—"＿＿＿＿＿＿＿"来保存。

二、选择题

1.若需将当前图像的视图比例控制为 100% 显示,那么可以(   )。

　　A.双击工具面板中的缩放工具。　　　　B.执行"图像"—"画布大小"命令

　　C.双击工具面板中的抓手工具。　　　　D.执行"图像"—"图像大小"命令

2.在任意工具下,按住(   )键,可以快速切换到抓手工具。

　　A.回车键　　　　　B.Esc 建　　　　　C.空格键　　　　　D.Delete 键

3.在 Photoshop 中历史记录调板默认的记录步骤是(   )。

　　A.10 步　　　　　B.20 步　　　　　C.30 步　　　　　D.40 步

4. 可以存储分层文件的格式是下列的(　　)格式。

　　A. JPEG 和 PSD　　　　B. TIFF 和 PSD　　　　C. TIFF 和 GIF　　　　D. JPEG 和 GIF

5. 图像分辨率的单位是(　　)。

　　A. dpi　　　　　　　B. ppi　　　　　　　C. lpi　　　　　　　D. Pixel

6. 下列哪种色彩模式色域最广? (　　)

　　A. HSB 模式　　　　B. RGB 模式　　　　C. CMYK 模式　　　　D. Lab 模式

7. 索引颜色模式的图像包含多少种颜色? (　　)

　　A. 2　　　　　　　B. 256　　　　　　　C. 约 65000　　　　　D. 1670 万

8. CMYK 模式的图像有多少个颜色通道? (　　)

　　A. 1.　　　　　　　B. 2　　　　　　　C. 3　　　　　　　D. 4

9. 当 RGB 模式转换为 CMYK 模式时,下列哪个模式可以作为中间过渡模式? (　　)

　　A. Lab　　　　　　　B. 灰度　　　　　　C. 多通道　　　　　D. 索引颜色

10. 如何移动一条参考线? (　　)

　　A. 选移动工具拖拉

　　B. 无论当前使用何种工具.按住 Option(Mac)/Alt(Win)键的同时单击鼠标

　　C. 在工具箱中选择任何工具进行拖拉

　　D. 无论当前使用何种工具,按住 Shift 键的同时单击鼠标

11. 下面哪些因素的变化不会影响图像所占硬盘空间的大小(　　)。

　　A. 像素大小　　　　　　　　　　B. 文件尺寸

　　C. 分辨率　　　　　　　　　　　D. 存储图像时是否增加后缀

12. 下列哪种格式只支持 256 色? (　　)

　　A. GIF　　　　　　　B. JPEG　　　　　　C. TIFF　　　　　　D. PCX

13. (　　)是最佳打印模式。

　　A. RGB　　　　　　　B. Lab　　　　　　　C. CMYK　　　　　　D. 灰度

14. (　　)模式的图像中没有颜色信息。

　　A. RGB　　　　　　　B. lab　　　　　　　C. 灰度　　　　　　D. 位图

三、判断题

1. Photoshop 中双击图层调板中的背景层,可把背景层转换为普通图层。　　　　　(　　)

2. RGB 模式分别代表了红、绿、蓝三种颜色,是一种印刷模式。　　　　　　　(　　)

3. 像素是构成图像的最小单位,位图中每一个色块就是一个像素。　　　　　　(　　)

4. 计算机中的图像主要分为两大类:矢量图和位图,而 Photoshop 中绘制的是矢量图。

　　　　　　　　　　　　　　　　　　　　　　　　　　　　　　　　　　　　(　　)

5. 除了利用缩放工具调整图像的视图大小,也可以使用"Ctrl＋＞"和"Ctrl＋＜"进行缩放。　　　　　　　　　　　　　　　　　　　　　　　　　　　　　　　　(　　)

6. 工具选项栏的主要功能是设置各个工具的参数。　　　　　　　　　　　　　(　　)

7. Photoshop 中只能通过"清除参考线"的菜单命令将图像窗口中所有的参考线清除,没有办法只清除某一个参考线。　　　　　　　　　　　　　　　　　　　　　(　　)

第 2 章　创建与编辑选区

2.1　了解选区的功能

在 Photoshop 中,选区的作用是处理图像的局部,从而不影响其他的部位。使用选择工具选择范围是最常用的方法,建立选区之后,可以对选区内的图像进行操作,选区外的区域不受任何影响,直到取消选区为止,如图 2-1 所示就是选区。

图 2-1　创建选区

在 Photoshop 中有多种选区工具和选区命令,根据不同的需要,可以选择不同的选区工具和命令。

Photoshop 提供的选区工具有"选框工具组""套索工具组""快速选择工具组";提供的选区命令有"全部"命令、"色彩范围"命令、"焦点区域"命令、"选择并遮住"命令。还可以利用通道、蒙版、路径来创建选区。

2.2　创建选区

(1)利用选区工具来创建选区。
(2)利用选区命令来创建选区。
(3)利用通道、蒙版、路径来创建选区。

2.2.1　选框工具组

选框工具是规则选取选区最基本、最常用的工具。选框工具包括"矩形选框工具""椭圆选框工具""单行选框工具""单列选框工具"4 种,系统默认的是"矩形选框工具",在操作时可以根据需要来选取不同的工具。

使用选框工具组时,有一些实用的小技巧,具体如下:
按住 Shift 的同时按工具对应的快捷键,可切换这些工具。

按 Tab 键可显示/隐藏工具箱、工具选项栏和面板组。

按 F 键可进行屏幕模式(标准屏幕模式、带有菜单栏的全屏模式、全屏模式)的切换。

1. 矩形选框工具

1)矩形选框工具的基本操作

矩形选框工具作为最常用的选区工具,常用来绘制一些形状规则的矩形选区。单击工具箱中的"矩形选框工具"(快捷键 M),按下鼠标左键在画布中拖动,即可创建一个矩形选区。

使用"矩形选框工具"创建选区时,有一些实用的小技巧,具体如下:

按下 Shift 键的同时拖动,可创建一个正方形选区。

按下 Alt 键的同时拖动,可创建一个以单击点为中心的矩形选区。

按下 Alt + Shift 键的同时拖动,可以创建一个以单击点为中心的正方形选区。

执行菜单栏中的"选择—取消选择"命令(快捷键 Ctrl + D)可取消当前选区。(适用于所有选区工具创建的选区)

2)矩形选框工具的选项栏

(1)选区模式(选择工具通用)。

选区工具在使用时有 4 种选择模式,如图 2-2 所示的 4 个按钮,要设置选区模式,可单击相应按钮进行选择。

图 2-2　矩形选框工具选项栏

▢ 为"新选区"按钮,它为所有选区工具的默认选区模式。选择"新选区"按钮后,如果画布中没有选区,则可以创建一个新的选区。但是,如果画布中已有选区,则新创建的选区会替换原有的选区。

▢ "添加到选区",可在原有选区的基础上添加新的选区。选择"添加到选区"按钮(快捷键 Shift)后,当绘制一个选区后,再绘制另一个选区,则两个选区同时保留。如果两个选区之间有交叉区域,则会形成叠加在一起的选区。

▢ "从选区减去",可在原有选区的基础上减去新的选区。选择"从选区减去"按钮(快捷键 Alt)后,可在原有选区的基础上减去新创建的选区部分。

▢ "与选区交叉",可以保留两个选区相交的区域。选择"与选区交叉"按钮(快捷键 Alt + Shift)后,选区只保留原有选区与新创建的选区相交的部分。

(2)羽化(选框工具组、套索工具组通用)。

羽化可使像素选区的边缘变得模糊,有助于所选区域与周围的像素混合。通过选区调整人像照片时,尤其需要为选区设置一定的羽化值。

(3)"样式"下拉列表。

选择不同的选项,可以设置选框工具如何绘制。选择"矩形选框工具"后,可以在其选项栏的"样式"列表框中选择控制选框尺寸和比例的方式。

正常：默认方式，拖动鼠标可创建任何宽高比例、任意大小的选框。

固定比例：选择该选项后，可以在后面的"宽度"和"高度"框中输入具体的宽高比值。绘制选框时，选框将按设置的宽高比值创建选区。

固定大小：选择该选项后，可以在后面的"宽度"和"高度"框中输入具体的宽高数值，然后在图像上单击即可创建指定大小的选区。

（4）选择并遮住。

在已有选区的情况下，单击此按钮可弹出"选择并遮住"对话框，通过设置属性可调整选区的状态。

2. 椭圆选框工具

1）椭圆选框工具的基本操作

与矩形选框工具类似，椭圆选框工具也是最常用的选区工具之一，用法与矩形选框工具基本相同。将鼠标定位在"矩形选框工具"上，单击鼠标右键或点击右下角的三角符号，会弹出选框工具组，单击第2项"椭圆选框工具"，即可选中"椭圆选框工具"。

选中"椭圆选框工具"后，按住鼠标左键在画布中拖动，即可创建一个椭圆选区。

使用"椭圆选框工具"创建选区时，有一些实用的小技巧，具体如下：

按住 Shift 键的同时拖动，可创建一个正圆选区。

按住 Alt 键的同时拖动，可创建一个以单击点为中心的椭圆选区。

按住 Alt + Shift 键的同时拖动，可以创建一个以单击点为中心的正圆选区。

使用 Shift + M 键可以在"矩形选框工具"和"椭圆选框工具"之间快速切换。

2）椭圆选框工具的选项栏

椭圆选框工具的选项栏如图 2-3 所示。仔细观察会发现其选项与"矩形选框工具"基本相同，在此相同用法不再赘述，该工具可以使用"消除锯齿"功能。

图 2-3　椭圆选框工具选项栏

像素是组成图像的最小元素，由于它们都是正方形的，因此在创建圆形、多边形等不规则选区时便容易产生锯齿。勾选"消除锯齿"后，Photoshop 会在选区边缘1个像素的范围内添加与周围图像相近的颜色，使选区看上去光滑。

如图 2-4 所示为未选择"消除锯齿"选项的情况下制作的圆形选区并填充颜色后的效果；如图 2-5 所示为选择该选项后制作的圆形选区并填充颜色后的效果。

2.2.2　套索工具组

套索工具是常用的制作选区的工具组。套索工具组包括"套索工具""多边形套索工具""磁性套索工具"3种，这3种不同形式的工具主要用于制作折线轮廓和一些不规则形状选区的选取。工具选项栏用法与选框工具组相同的在此不再赘述。

1. 套索工具

使用"套索工具"可以创建不规则的选区。在工具箱中选择"套索工具"（快捷键 L）后，在图像中按住鼠标左键并拖动，释放鼠标后，选区即创建完成。

图 2-4　未选择"消除锯齿"选项效果图

图 2-5　选择"消除锯齿"选项效果图

使用"套索工具"创建选区时,若光标没有回到起始位置,松开鼠标后,终点和起点之间会自动生成一条直线来闭合选区。未松开鼠标之前按下 Esc 键,可以取消选定。

2. 多边形套索工具

多边形套索工具用来创建折线轮廓和一些不规则选区。将鼠标定位在"套索工具"上,单击鼠标右键,会弹出套索工具组,左键单击工具组中的第 2 项"多边形套索工具",即可选中"多边形套索工具"。

选择"多边形套索工具"后,在画布中单击鼠标左键,鼠标指针会变成多边形套索工具的形状,单击可确定起始点;接着,拖动光标至目标方向处依次单击,可创建新的节点,形成曲线;最后,拖动光标至起始点位置,当终点与起点重合时,再次单击鼠标左键,即可创建一个闭合选区。

使用"多边形套索工具"创建选区时,有一些实用的小技巧,具体如下:

在终点与起点没有重合的情况下,都可以按 Enter 键或直接双击完成选区的选取,起点和终点之间会以直线相连。

在未闭合选择区前,按下 Delete 键可删除当前节点,按下 Esc 键可删除所有的节点。

按住 Shift 键不放,可以沿水平、垂直或 45°方向创建节点。

3. 磁性套索工具

磁性套索工具是一种比较智能的选择工具,类似于一个感应选择工具,用于选择边缘清晰、对比度明显的图像。磁性套索工具具有识别边缘的功能,它可以根据要选择的图像边界像素点的颜色来绘制路径。

"磁性套索工具"的用法:单击鼠标左键选取起点,然后无须按住鼠标,只需沿图形边缘移动鼠标,"磁性套索工具"便会根据颜色差别自动勾勒选择,回到起点时会在光标的右下角出现一个小圆圈,此时单击鼠标左键即可完选区的选定。

使用"磁性套索工具"创建选区时,有一些实用的小技巧,具体如下:

在选取时若按 Esc 键可以取消当前的选取范围。若在选取的过程中,需要进行工具的切换,最方便的方法就是通过键盘来实现,可以按下 Alt 键进行"多边形套索工具"与"磁性套索工具"之间的切换。单击时,切换为"多边形套索工具";拖动时,切换为"磁性套索工具"。

选择"磁性套索工具"后,其选项栏如图 2-6 所示。

图 2-6　"磁性套索工具"选项栏

宽度:在该数值框输入像素值后,可以设置"磁性套索工具"搜索图像边缘的范围。"磁性套索工具"会以指针所在的点为中心,对所设范围内的图像边缘进行搜寻以确定锚点,一般为 5 ~ 10。

对比度:在该数值框输入百分比数值后,可以设置"磁性套索工具"选择图像时确定定位点所依据的图像边缘反差度。如果色彩边界较为明显,就可以使用较高的对比度,这样得到的选区就越精确,如果色彩边界较模糊,就适当降低对比度。

频率:在该数值框输入数值后,可以设置"磁性套索工具"在定义选区边界时插入定位点的数量。频率越高采样点越多,反之越少。如果色彩边缘较为复杂,参差不平且多为直线,就适合用较高的频率。

2.2.3　快速选择工具组

1. 快速选择工具

快速选择工具可以快速指定选择区域,是一种比较常用的抠图工具。

快速选择工具的使用方法是基于画笔模式的,可以通过调整圆形画笔笔尖来快速制作选区。拖动鼠标时,选区会向外扩展并自动查找和跟踪图像中定义的边缘,如果选取离边缘比较远的较大区域,就要使用大一些画笔,如果要选取边缘则换成小尺寸的画笔,这个工具非常适合主体突出但背景混乱的情况。

选择"快速选择工具"后,打开工具选项栏,如图 2-7 所示。

图 2-7　"快速选择工具"选项栏

(1)选区模式:新选区、添加到选区和从选区减去。

(2)画笔:单击它右侧的下拉箭头可弹出画笔参数设置框,可以设置画笔笔尖的大小、硬度、间距、角度、圆度等,如图 2-8 所示。

画笔实用小技巧:

画笔大小代表识别的范围。快捷键左中括号"["(减小)、右中括号"]"(增大)。

硬度是边缘的识别能力。快捷键是 Shift + 左中括号"[" (减小)、Shift + 右中括号"]"(增大)。

间距是识别的连贯程度。

按着 Alt 键 + 鼠标右键,然后鼠标左右移动可调整画笔大

图 2-8　画笔参数

小,鼠标上下移动可调节画笔的硬度。

（3）"对所有图层取样"复选框:勾选对所有与图层取样后则无论当前图层是哪一层,操作都会生效。勾选该复选框,无论当前图层是哪一层,取样后会对所有图层创建选区。

（4）自动增强:勾选自动增强,识别边缘的能力会就会增强,会减少选区边缘的粗糙度和块效应。

（5）选择并遮住:在这里可以对选区的半径平滑度、羽化、对比度、边缘位置等属性进行调整,后面会详细讲。

2. 魔棒工具

魔棒工具可以根据单击点的像素和给出的容差值来决定选择区域的大小,它是基于色调和颜色差异来构建选区的工具,可以快速选择色彩变化不大且色调相近的连续区域,比较适合抠取背景为单色的图像。

使用"魔棒工具"（快捷键 W）,在图像中单击,则与单击点颜色相近的区域都会被选中,即可将单击点颜色容差值范围内的颜色选中。选择该工具后,其工具选项栏如图 2-9 所示。

图 2-9　"魔棒工具"选项栏

实用小技巧:

使用 Shift + W 键可以在"快速选择工具"和"魔棒工具"之间快速切换。

容差:是指容许差别的程度,该数值框中的数值将定义魔棒工具进行选择时的颜色区域,其数值范围在 0 ~ 255 之间,默认值为 32。该参数的值决定了选择的精度,值越小选择的精度越高,所选择的像素颜色和单击点的像素颜色越相近,得到的选区越小,反之亦然。图 2-10、图 2-11 所示是分别设置"容差"数值为 32 和 100 时选择马身的图像效果。很明显,数值越小,得到的选区越小。

　图 2-10　"容差"值为 32 的效果图　　　　**图 2-11　"容差"值为 100 的效果图**

连续:选择该选项,只能选择颜色相近的连续区域;反之,可以选择整幅图像中所有处于"容差"数值范围内的颜色。例如,在设置"容差"数值为 32 时,图 2-12 所示是在粉色花瓣上单击的结果,由于容差值较小,花瓣与花瓣中的相近颜色的图像并不连续,因此仅选中了小部分图像。图 2-13 所示是取消选中"连续"选项时创建得到的选区,可以看出图像中所有与这相似的颜色都被选中了。

图 2-12　选中"连续"选项　　　　　　　　图 2-13　取消选中"连续"选项

对所有图层取样:选择该选项,无论当前是在哪一个图层中进行操作,所使用的魔棒工具将对所有可见图层上的颜色都有效。如图 2-14、图 2-15 所示,是"容差"值为 45,取消"连续"选项后对所有图层取样的效果和只对当前图层取样的效果对比。

图 2-14　选中"对所有图层取样"选项

图 2-15　未选中"对所有图层取样"选项

2.2.4　"色彩范围"命令

使用"色彩范围"命令可以选择当前选区、整个图像中指定的颜色或色彩范围。

"色彩范围"命令与"魔棒工具"相似,可以根据图像的颜色范围创建选区,但该命令的功能更为强大,可操作性也更强。使用此命令可以从图像中一次得到一种颜色或几种颜色的选区。

执行"选择"—"色彩范围"命令,打开"色彩范围"对话框,如图 2-16 所示。在要选择的颜色上单击一下(此时光标变为吸管状态),再进行参数设置,最后单击"确定"按钮即可。

图 2-16　"色彩范围"对话框

1. 选择:用来设置选区的创建方式

(1)选择"取样颜色"选项时,光标会变成吸管状,将光标放置在画布中的图像上,或在"色彩范围"对话框中的预览图像上单击,可以对颜色进行取样。

(2)选择"红色""黄色""绿色"等选项时,可以选择图像中选定的颜色。

(3)选择"高光""中间调""阴影"选项时,可以选择图像中特定的色调。

(4)选择"溢色"选项时,可以选择图像中出现的溢色。

2. 本地化颜色簇

选中"本地化颜色簇"复选框后,其下方的"范围"滑块将被激活,拖曳"范围"滑块或输入数值可以控制要包含在蒙版中的颜色与取样点的最大距离和最小距离。

3. 检测人脸

在使用该命令创建选区时,可以自动根据检测到的人脸进行选择。

要使用"人脸检测"功能,要先选中"本地化颜色簇"选项,再选中"检测人脸"选项,这样便会自动选中人物的面部,以及与其色彩相近的区域。利用该功能,可以快速选中人物的皮肤,并进行适当的美白或磨皮处理。

4. 颜色容差

用来控制颜色的选择范围,可通过输入数值或拖动滑块来改变此参数。数值越大,选取的颜色范围也越大;数值越小,则选取的颜色范围就越小。

5. 选区预览图

该图下面包含"选择范围"和"图像"两个选项。选中"选择范围"后,预览图中的白色部分表示被选择的区域,黑色部分代表未选择的区域;选中"图像"后,预览图会显示彩色图像。

6. 选区预览

用来设置图像窗口中选区的预览方式。

(1)无:不在图像窗口中显示预览。

(2)灰度:按选区在灰度通道中的外观显示选区。

(3)黑色杂边:在黑色背景上用彩色显示选区。

（4）白色杂边：在白色背景上用彩色显示选区。

（5）快速蒙版：使用当前的快速蒙版设置显示选区。

7.颜色吸管

当选择"取样颜色"时，颜色吸管才可用。

（1）普通吸管：默认的吸管工具，用户可以用它单击图像中要选择的颜色来完成选区的选择。

（2）加色吸管：如果想要添加多个颜色选区，用户可以选择该工具并在预览或图像区域中单击要添加的颜色区域。

（3）着色吸管：如果想从已有选区中移去某部分的颜色选区，用户可以选择该工具并在预览或图像区域中单击要减去的颜色区域。

实用小技巧：

按住 Shift 键，可临时启用加色吸管工具；按住 Alt 键，可以临时启用减色吸管工具。

想要还原到原来的选区，可以按住 Alt 键的同时，单击"复位"按钮。

想要存储和载入色彩范围设置，可以使用"色彩范围"对话框中的"存储"和"载入"按钮。

注意：

如果出现"任何像素都不大于50%选择，则选区边框将不可见"的信息，说明你可能选择了一种颜色（如绿色），但图像中没有包含完全饱和的颜色。

2.2.5　"焦点区域"命令

该命令可以根据图像中像素颜色的对比度关系，自动判断出图像中的焦点区域，并将该区域建立为一个选区，非常适合快速选择对焦对象并将其与图像的其余部分分离。

执行"选择"—"焦点区域"命令，打开"焦点区域"对话框，如图 2-17 所示。在对话框中进行设置后，单击"确定"按钮即可。

1. 视图模式：有多种视图模式可供查看

（1）闪烁虚线：虚线显示的是选中的区域。

（2）叠加：红色部分表示的是未选中的区域。

（3）黑底：黑色部分表示的是未选中的区域。

（4）白底：白色部分表示的是未选中的区域。

图 2-17　"焦点区域"对话框

（5）黑白：白色部分表示的是选中的区域，黑色部分表示的是未选中的区域。

（6）图层：显示出抠图的效果。

2. 焦点对准范围

拖动滑块或输入数值，可调整焦点范围，数值越大选择范围就越大，数值越小则选择范围越小。

3. 图像杂色级别

拖动滑块或输入数值,可以控制选取范围。下方的柔滑边缘一定要打上对钩,这样就不会有原图颜色的边缘残留。

4. 输出

输出方式有选区(默认)、图层蒙版、新建图层、新建带有图层蒙版的图层、新建文档、新建带有图层蒙版的文档六种,常用的是"新建带有图层蒙版的图层",这种方式便于后面的二次修改。

5. 焦点区域添加工具和焦点区域减去工具

可以添加和减去选择区域。

注意:

使用"焦点对准范围"和"图像杂色级别"的"自动"选项,Photoshop 将自动为这些参数选择适当的值。

如果要微调选区边缘,可以单击"选择并遮住"。

2.2.6　"选择并遮住"命令

"选择并遮住"命令以前的版本叫作"调整边缘"命令,现在的功能更强大,可以快速准确地抠选图像。

执行"选择"—"选择并遮住"命令,或在各个选区工具的工具选项栏上单击"选择并遮住"按钮,快捷键是 Alt + Ctrl + R,可以显示一个专用的工作箱及"属性"面板,如图 2-18 所示。参数选项主要有视图模式、边缘检测、全局调整、输出设置 4 个选项组。

1. 视图模式

视图:为我们提供了多种可以选择的显示模式来观察,能更方便地查看选区的调整结果。按住 F 键可以循环切换视图,按 X 键可以暂时停用所有的视图。

显示边缘:显示调整区域。

显示原稿:可以查看原始选区。

高品质预览:以高品质的画面效果进行预览,使用画笔时,预览更新速度可能会变慢。

2. 边缘检测

半径:确定发生边缘调整的选区边界的大小。可以调整对应的半径来观察亮度的区域,缩小半径,亮的区域就变小,放大半径,亮的区域就变大。对于锐利边缘,可以使用较小的半径;对于较柔和的边缘,可以使用较大的半径。

智能半径:对半径进行一些智能的计算,使半径自动适应图像边缘。

图 2-18　"选择并遮住"面板

3.全局调整

平滑:减少选区边界中的不规则区域,以创建较平滑的轮廓,平滑值越高对应的边缘线条就会越柔和,比较适合调整一些流线的造型。

羽化:模糊选区与周围的像素之间过渡效果。主要对抠图的外边缘产生羽化过度的效果,控制边缘不透明到透明的一个过渡,增强羽化值比较适用于抠比较柔和的对象。

对比度:锐化选区边缘并消除模糊的不协调感。增强对比度时会导致边缘更加的生硬,而且边缘相对就会很清晰,通常情况下,配合"智能半径"选项调整出来的选区效果会更好。

移动边缘:增加或者减少对应的边缘大小。当设置为负值时,可以向内收缩选区边界;当设置为正值时,可以向外扩展选区边界。通过合适的设置可以去掉我们不想要的毛边或者白边的区域。

以上四个功能可以搭配使用,从而快速把我们想要的区域完美地抠出来。

4.输出设置

净化颜色:勾选净化颜色后,可将彩色杂边替换为附近完全选中的像素颜色,颜色替换的强度与选区边缘的羽化程度是成正比的。

输出到:在下拉列表中可以设置选区的输出方式,共用6种方式,分别是选区、图层蒙版、新建图层、新建带有图层蒙版的图层、新建文档、新建带有图层蒙版的文档。一般情况下可以选择输出到图层蒙版上,因为图层蒙版上也有对应的"选择并遮住"命令,这样便于后续操作。

记住设置:选中后下次使用时会直接应用上次设置的参数。

2.2.7 通道、蒙版、路径

1.利用通道创建选区

Alpha通道与选区存在一一对应的关系,通道中的白色对应选区,黑色对应非选区,而灰色对应图像的不透明度或羽化。所以,在Alpha通道中涂抹白色,相当于增大选区;涂抹黑色,相当于减小选区。而灰色的深浅决定将图像抠出来以后图像的透明程度。

由于Alpha通道与选区存在一一对应的关系,并可以相互转换,所以经常利用通道进行抠图,特别是对于一些边缘复杂、半透明的对象,通道是最理想的抠图方法。

通常情况下,在抠像之前要先观察"通道"面板,选择轮廓清晰、反差比较大的颜色通道将其复制。当将一个颜色通道复制以后,它就变成一个Alpha通道,然后结合色彩调整命令、绘画工具对其进行处理,使之黑白反差更加强烈。

将Alpha通道转换为选区的方法:

(1)在"通道"面板中选择要转换选区的Alpha通道,单击面板下方的"将通道转换为选取载入"按钮,则将所选的Alpha通道转换为选区。

(2)执行菜单命令"选择"—"载入选区",则弹出"载入选区"对话框,在"通道"下拉列表中选择要转换为选区的Alpha通道,例如"Alpha2",单击"确定"按钮即可载入选区。

(3)使用功能键的方法,也可以使Alpha通道转换为选区。

按住Ctrl键的同时单击Alpha通道,可以载入通道中保存的选区。

按住 Ctrl + Shift 快捷键的同时单击 Alpha 通道,可以得到相加的选区。

按住 Ctrl + Alt 快捷键的同时单击 Alpha 通道,可以得到相减的选区。

按住 Ctrl + Alt + Shift 快捷键的同时单击 Alpha 通道,可以得到该通道中的选区与原选区的交叉区域。

2. 利用"快速蒙版"创建选区

"快速蒙版"模式可以将任何选区作为蒙版进行编辑,而无须使用"通道"调板,在查看图像时也可如此。将选区作为蒙版来编辑的优点是几乎可以使用任何 Photoshop 工具或滤镜修改蒙版。例如,如果用选框工具创建了一个矩形选区,可以进入"快速蒙版"模式并使用画笔扩展或收缩选区,或者也可以使用滤镜扭曲选区边缘。也可以使用选区工具,因为"快速蒙版"不是选区。

从选中区域开始,使用"快速蒙版"模式在该区域中添加或减去以创建蒙版。另外,也可完全在"快速蒙版"模式中创建蒙版。受保护区域和未受保护区域以不同颜色进行区分。当离开"快速蒙版"模式时,未受保护区域将成为选区。

当在"快速蒙版"模式中工作时,"通道"调板中出现一个临时快速蒙版通道。但是,所有的蒙版编辑都是在图像窗口中完成的。

复制图层(习惯)—按键盘"Q"键为选择快速蒙版—选择合适的画笔大小,涂抹在你想要的图案上,你所涂抹的地方默认显示红色—涂抹完后—按键盘"Q"键为完成快速蒙版—会出现虚线或者说是蚂蚁线—反选 Ctrl + Shift + I—Ctrl + J 复制即可。

3. 利用路径创建选区

路径和选区是可以相互转换的,将路径转换为选区后,可以对选区进行填充、描边、移动以及编辑等操作;将选区转换为路径后,可以通过增加、减少锚点或改变锚点类型来调整路径的形状,从而改变选区的形态。

从某种意义上来讲,路径是选区的延伸,绘制与编辑路径的最终目的是得到特定形状的选区,因为 Photoshop 对选的编辑能力较弱,所以在 Photoshop 中可以借助路径、Alpha 通道等功能编辑特殊形态的选区。

创建路径以后,按下 Ctrl + Enter 快捷键,可以快速地将路径转换为选区;而通过路径面板也可以将选区转换为路径。

2.3　选区的基本操作

创建好选区后,可以通过"选择"菜单中的命令进行调整和编辑。选区的基本操作包括:调整选区位置、全选和反选、取消选区、扩大选取、选取相似、变换选区、存储选区、载入选区、修改选区、填充选区等。

2.3.1　调整选区位置

移动选区的操作十分简单,使用任意一种选区工具,如果移动范围不大,直接用方向键移动;如果移动范围较大,将鼠标指针放在选区内,指针发生变化后就可以直接按下鼠标左键拖动,即可移动选区。

实用小技巧：

如果要限制选区移动的方向为 45°，可以在拖动的同时按下 Shift 键。

如果想要按 1 个像素的增量移动选区，可以使用方向键移动。

如果想要按 10 个像素的增量移动选区，可以使用方向键的同时按住 Shift 键。

注意：

移动选区时不能使用移动工具，那样移动的是所选择的图像。

2.3.2　全选和反选

（1）"选择"—"全部"（Ctrl + A）：可以选取图像中的所有像素，如图 2-19 所示。

（2）"选择"—"取消选择"（Ctrl + D）：可以取消对选区的选择。

（3）"选择"—"重新选择"（Shift + Ctrl + D）：可以重新选择被取消的选区。

（4）"选择"—"反向"（Shift + Ctrl + I）：可以选择原有选区以外的所有区域，如图 2-20 所示为反选前，图 2-21 所示为反选后。

图 2-19　执行"全选"命令　　图 2-20　反选前　　图 2-21　反选后

2.3.3　扩大选取

执行"选择"—"扩大选取"命令后，Photoshop 会在选区附近查找与当前选区中的像素色调相近的像素进行扩大选择，该命令一般是基于"魔棒工具"选项栏中指定的"容差"范围来决定选区的扩展范围。

2.3.4　选取相似

执行"选择"—"选取相似"命令后，Photoshop 会在图像中查找并选择与当前选区中的像素色调相近的像素，从而扩大选区。

2.3.5　变换选区

执行"选择"—"变换选区"命令，或快捷键 Alt + S + T 后，选区会处于"自由变换"状态，如图 2-22 所示。

（1）按下鼠标左键拖动四周的小方块可对选区进行缩放。

（2）在画布中单击鼠标右键，在弹出的菜单中可以选择其他变换方式对选区进行变换，一般情况下，称"缩放"与"旋转"为变换操作，称"斜切""扭曲""透视"与"变形"为变形操作，如图 2-23 所示。

图 2-22　执行"变换选区"命令后

图 2-23　右击"变换选区"后

（1）在弹出的菜单中选择"斜切"，将光标放在定界框外侧，光标会变成 ↗↘ 或 ↖↗，此时按下鼠标左键拖动可以沿水平方向或垂直方向对选区进行斜切操作。

（2）在弹出的菜单中选择"扭曲"，将光标放在定界框的角点或边点上，光标会变成 ▷ ，此时按下鼠标左键拖动可以对选区进行扭曲操作。

（3）在弹出的菜单中选择"透视"，将光标放在定界框的角点，光标会变成 ▷ ，将光标放在定界框的边点上，光标会变成 ↔ 或 ↕ ，此时按下鼠标左键拖动可以对选区进行透视操作。

（4）在弹出的菜单中选择"变形"，画面中将显示网格，将光标放在网格内，光标变成 ▶ ，此时按下鼠标左键拖动可以对选区进行变形操作。

注意：

选区变换完成之后，按 Enter 键即可确认生效。

在确定选区"自由变换"完成前，按下 Esc 键可以取消选区的变换。

"变换选区"命令只改变当前选区，对图像没有任何影响。

变换选区不同于自由变换图像 Ctrl + T。

2.3.6　存储选区

创建选区后，执行"选择"—"存储选区"命令，会打开"存储选区"对话框，如图 2-24 所示。

（1）文档：选择保存选区的目标文件。

（2）通道：选择将选区保存到的通道，可以保存到一个新建的通道中，也可以保存到其他 Alpha 通道中。

（3）名称：设置选区的名称。

（4）操作：选择选区运算的操作方式。"新建通道"是将当前选区存储在新通道中；"添加到通道"是将选区添加到目标通道的现有选区中；"从通道中减去"是从目标通道的现有选区中减去当前选区;"与通道交叉"是将当前选区和目标通道中的现有选区交叉的区域进行存储。

2.3.7　载入选区

创建选区后,执行"选择"—"载入选区"命令,会打开"载入选区"对话框,如图 2-25 所示。

(1)文档:选择包含选区的目标文件。

(2)通道:选择包含选区的通道。

(3)反相:选中该复选框后,相当于执行"选择"—"反选"命令。

(4)操作:选择选区运算的操作方式。"新建选区"是用载入的选区替换当前选区;"添加到选区"是将载入的选区添加到当前选区中;"从选区中减去"是从当前选区中减去载入的选区;"与选区交叉"能得到当前选区和载入选区交叉的区域。

图 2-24　"存储选区"对话框　　　　　图 2-25　"载入选区"对话框

2.3.8　修改选区

使用"选择"菜单中的"修改"命令,可以对选区进行各种修改,主要包括"边界""平滑""扩展""收缩"和"羽化"。

1.创建边界选区

创建选区后,执行"选择"—"修改"—"边界"命令,打开"边界选区"对话框中,"宽度"用于设置选区扩展的像素值,可以将选区的边界向内部和外部扩展。比如将"宽度"设置为 30 像素时,原选区会分别向外和向内扩展 15 像素,如图 2-26 所示。

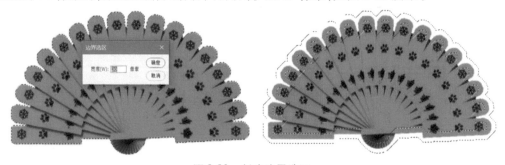

图 2-26　创建边界选区

2. 平滑选区

创建选区后,"选择"—"修改"—"平滑"命令,打开"平滑选区"对话框,在"取样半径"选项中设置数值,单击"确定"按钮,可以让选区变得更加平滑。一般使用"魔棒工具"或"色彩范围"命令选择对象时,选区边缘往往较为生硬,可以使用"平滑"命令对选区边缘进行平滑处理。图 2-27 是设置"取样半径"分别为 10 像素和 100 像素时的选区效果。

图 2-27　平滑选区效果

3. 扩展选区

创建选区后,执行"选择"—"修改"—"扩展"命令,打开"扩展选区"对话框,输入"扩展量",单击"确定"按钮,可以扩展选区范围。

4. 收缩选区

创建选区后,执行"选择"—"修改"—"收缩"命令,打开"收缩选区"对话框,输入"收缩量",单击"确定"按钮,可以收缩选区范围。

5. 羽化选区

创建选区后,执行"选择"—"修改"—"羽化"命令(快捷键是 Shift + F6),打开"羽化选区"对话框,设置"羽化半径",单击"确定"按钮,可以对选区进行羽化。羽化是通过建立选区和选区周围像素之间的转换边界来模糊边缘的,这种模糊方式会丢失选区边缘的一些图像细节,图 2-28 所示是设置"羽化半径"为 10 像素后的效果图,图 2-29 所示是删除选择区域后的图像效果。

图 2-28　羽化选区效果

图 2-29　删除羽化选区后效果

2.4　对选区进行填充

2.4.1　填充工具

1. 油漆桶工具

"油漆桶工具"可以在图像或选区中填充前景色或图案。"油漆桶工具"的选项栏如图 2-30 所示。

图 2-30　"油漆桶工具"选项栏

（1）填充模式：有"前景""图案"两种模式可供选择。

（2）模式：用来设置填充内容的混合模式。如图 2-31 所示，Photoshop CC 2017 提供了 28 个不同的混合模式。

（3）不透明度：用来设置填充内容的不透明度。

（4）容差：用来定义填充的像素颜色的相似程度。容差值越小、填充颜色像素越相近，油漆桶泼的范围就小；容差值越大、填充颜色像素范围越大，油漆桶泼的范围就大。

（5）消除锯齿：平滑地填充选区的边缘。

（6）连续的：选中该复选框后，只填充处于连续范围内的选区；取消该复选框的选择后，可以填充所有选区。

（7）所有图层：选中该复选框后，当进行填充时，将影响当前文档中所有的可见图层，取消勾选则仅填充当前图层。

2. 渐变工具

"渐变工具"可以在图像或选区中填充多种颜色的混合效果。"渐变工具"的选项栏如图 2-32 所示。

（1）渐变编辑器：显示了当前的渐变颜色。

单击右侧的小三角按钮，可以打开"渐变"拾色器，如图 2-33 所

图 2-31　混合模式

示,可以从中选择需要的渐变色。

　　单击"渐变编辑器"上的颜色条,可以打开"渐变编辑器"对话框,如图 2-34 所示,用户可以在对话框中设置渐变颜色,也可以保存渐变颜色。

图 2-32　"渐变工具"选项栏

　　"预设":可以从选项组中选择一种渐变。
　　"名称":可以在文本框中修改渐变名称。

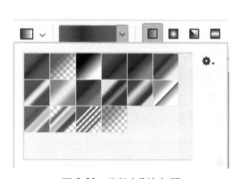

图 2-33　"渐变"拾色器

图 2-34　"渐变编辑器"对话框

　　"渐变类型":可以从列表中选择"实底"或"杂色"选项,选择不同,下方的渐变颜色编辑也不同,图 2-35 和图 2-36 分别是"实底"和"杂色"的窗口界面。

图 2-35　"渐变实底"窗口界面

图 2-36　"渐变杂色"窗口界面

　　(2)渐变类型:Photoshop CC 2017 提供了 5 种渐变方式。

"线性渐变":从起点到终点以直线渐变。

"径向渐变":从起点到终点以圆形放射渐变。

"角度渐变":从起点到终点逆时针旋转渐变。

"对称渐变":在起点两侧产生对称直线渐变。

"菱形渐变":从起点到终点以菱形图案渐变。

(3)模式:用来设置渐变颜色的混合模式。

(4)不透明度:用来设置渐变色的不透明度。

(5)反向:选中该复选框后,可以得到反方向的渐变结果。

(6)仿色:选中该复选框后,可以使渐变过渡效果更加平滑。

(7)透明区域:选中该复选框后,可保持透明颜色的渐变。

注意:

渐变编辑器中可以通过设置不透明度色标的位置和不透明度及颜色色标的位置和颜色来编辑所需要的渐变色。

2.4.2 填充方法

(1)执行"编辑"—"填充"命令或按 Shift + F5 组合键。

(2)使用组合键 Alt + Delete 直接填充前景色。

(3)使用组合键 Ctrl + Delete 直接填充背景色。

(4)利用填充工具对选区进行填充。

注意:

未被栅格化的文字图层、智能图层、3D 图层、隐藏的图层是不能进行填充的。

2.5 实例练习

【**案例 2-1**】 制作一寸证件照。

1. **案例描述**

在 Photoshop 中通过给定的素材"证件照. jpg",如图 2-37 所示,制作一版标准的红底一寸证件照。

2. **案例分析**

熟悉 Photoshop CC 2017 文件的基本操作。

了解裁剪工具和图层的简单用法。

学会使用选择工具和填充工具。

3. **案例实施**

(1)打开素材文件"证件照. jpg",单击图层面板中的背景图层右边的小锁,使背景图层解锁。

(2)使用"文件"—"存储为"命令将文件另存为"一寸照片"。

图 2-37 素材"证件照. jpg"

（3）选择裁剪工具，设置其选项工具栏属性如图 2-38 所示，选择好人头像按回车键裁剪，如图 2-39 所示。

图 2-38 "裁剪"工具属性设置

（4）新建"图层 1"，并将其移到最底层，如图 2-40 所示，设置前景色为红色，利用油漆桶工具为"图层 1"填充红色。

图 2-39 裁剪人头像效果 　　　　图 2-40 新建"图层 1"

（5）选择"魔棒工具"，设置容差值为 10，对"图层 0"中白色背景进行选择，使用"选择"—"修改"—"羽化"命令，设置羽化半径为 1 像素，然后按 Delete 键删除白色前景，如图 2-41 所示。

（6）选择"图层 0"，将图像放大，使用"套索工具"选择杂边并删除，效果如图 2-42 所示。

图 2-41 删除"图层 0"的白色背景后 　　　　图 2-42 删除"图层 0"的白色杂边后

（7）在图层面板中，右键单击"图层 0"，从快捷菜单中选择"向下合并"命令，再使用 Ctrl + A 组合键对图像进行全选，并用 Ctrl + C 组合键进行复制。

（8）新建 12.7 厘米 × 8.9 厘米、分辨率为 300 像素/英寸、背景为白色文件"一寸证件照"。

（9）使用 Ctrl＋V 组合键进行粘贴后进行排版得到最终效果，如图 2-43 所示。

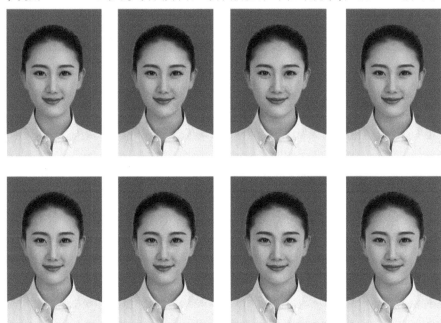

图 2-43　一寸证件照效果图

【案例 2-2】　制作禁止停车标志。

1. 案例描述

在生活中经常会见到一些标志图案，这些图案也可以用 Photoshop 来制作，如图 2-44 所示，就是用 Photoshop 制作的禁止停车标志。

2. 案例分析

熟悉 Photoshop CC 2017 辅助线的使用方法。

熟练掌握选框工具的使用方法。

学会使用前景色和背景色填充。

3. 案例实施

图 2-44　禁止停车标志

（1）启动 Photoshop CC 2017，新建一个宽 500 像素、高 500 像素、分辨率为 72 像素/英寸、背景为白色的文件。

（2）通过 Ctrl＋R 组合键调出标尺，再用鼠标从标尺上拖出两条参考线，如图 2-45 所示。

（3）绘制标志外圆。选择"椭圆选框工具"，按 Alt＋Shift 键从中心点画圆，设置前景色为红色，背景色为蓝色，按 Alt＋Delete 组合键为选区填充前景色红色，如图 2-46 所示，Ctrl＋D 组合键取消选区。

（4）新建"图层 1"，绘制标志内圆。选择"椭圆选框工具"，按 Alt＋Shift 键从中心点画圆，按 Ctrl＋Delete 组合键为选区填充背景色蓝色，如图 2-47 所示，按 Ctrl＋D 组合键取消选区。

图 2-45　添加水平垂直参考线

图 2-46　绘制标志外圆

（5）新建"图层 2"，绘制斜线。选择"矩形选框工具"，按 Alt 键从中心点画矩形，如图 2-48 所示，使用"选择"—"变换选区命令"，在选项工具栏中设置旋转角度为 45 度，如图 2-49 所示，双击选区后，按 Alt + Delete 组合键为选区填充前景色红色，按 Ctrl + D 组合键取消选区，如图 2-50 所示。

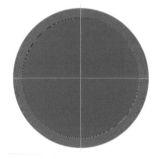

图 2-47　绘制标志内圆

图 2-48　绘制斜线

![设置选区旋转角度工具栏]

图 2-49　设置选区旋转角度

（6）新建"图层 3"，绘制另外一条斜线，方法同上，设置旋转角度时设置为 − 45 度，做完后按 Ctrl + H 组合键消除参考线，效果如图 2-51 所示。

图 2-50　绘制标志中的一条斜线

图 2-51　绘制标志中的另一条斜线

课后练习

一、填空题

1. 在 Photoshop 中,取消当前选择区的快捷键是_____,对当前选择区进行羽化操作的快捷键是_____。

2. 在 Photoshop 中,如果想使用矩形工具/椭圆工具画出一个正方形或正圆形,那么需要按住_____键。

3. 在 Photoshop 中,使用渐变工具可创建丰富多彩的渐变颜色,如线性渐变、径向渐变、_____、_____、_____。

4. 常用的选择工具有:_____工具、_____工具、_____工具。

5. 在现有选择区域的基础上如果增加选择区域,应按_____,从现有选择区域中减去新选择区域,应按_____,取消当前选择区的快捷组合键是_____。

6. 在 Photoshop 中,选区的修改操作主要包括_____、_____、_____、_____、_____。

二、选择题

1. 在 Photoshop 中使用"编辑"—"描边"命令时,选择区的边缘与被描线条之间的相对位置可以是(   )。

    A. 居内   B. 居中   C. 居外   D. 以上都有

2. 按(   )键,单击 Alpha 通道可将其对应的选择区载入图像中。

    A. Ctrl   B. Shift   C. Alt   D. End

3. 下列哪种工具可以绘制形状规则的区域(   )。

    A. 钢笔工具   B. 椭圆选框工具   C. 魔棒工具   D. 磁性套索工具

4. 绘制圆形选区时,先选择椭圆选框工具,在按下(   )的同时,拖动鼠标,就可以实现圆形选区的创建。

    A. Alt 键   B. Ctrl 键   C. Shift 键   D. Ctrl + Alt

5. 选择区域时,要取得原选区与新选区的共同区(两选区相交的部分),按(   )键。

    A. Ctrl   B. Alt   C. Shift   D. Alt + Shift

6. 下列哪种工具可以选择连续的相似颜色的区域?(   )

    A. 矩形选择工具   B. 椭圆选择工具   C. 魔棒工具   D. 磁性套索工具

7. 在 Photoshop 中使用矩形选框工具创建矩形选区时,得到的是一个具有圆角的矩形选择区域,其原因是下列各项的(   )项。

    A. 拖动矩形选择工具的方法不正确

    B. 矩形选框工具具有一个较大的羽化值

    C. 使用的是圆角矩形选择工具而非矩形选择工具

    D. 所绘制的矩形选区过大

8. 下列哪个创建选区工具可以"用于所有图层"?(   )

A.魔棒工具　　　　B.矩形选框工具　　C.椭圆选框工具　　D.套索工具

9.下面(　　)方法不能将现存的 Alpha 通道转换为选择范围。

A.将要转换选区的 Alpha 通道选中并拖到通道面板中的"将通道作为选区载入"上

B.按 Ctrl 键单击 Alpha 通道

C.执行"选择"—"载入选区"命令

D.双击 Alpha 通道

三、判断题

1.Photoshop 中填充前景色的快捷键是 Ctrl + Delete。　　　　　　　　　　(　　)

2.用户创建的选区可以保存为通道。　　　　　　　　　　　　　　　　　　(　　)

3.填充命令只允许对选区的前景色、背景色进行填充,不允许对其他指定颜色、图案进行填充。　　　　　　　　　　　　　　　　　　　　　　　　　　　　　(　　)

4.如果创建了一个选区,需要移动该选区的位置,可用移动工具进行移动。　(　　)

四、实践操作

1.利用选区工具绘制西瓜图像,参考图 2-52 完成。

图 2-52　西瓜

2.利用椭圆选框工具、多边形套索工具,渐变填充工具绘制可爱的企鹅卡通形象,参考图 2-53 完成。

图 2-53　企鹅

第3章　图层的应用

3.1　图层的工作原理

顾名思义,图层就是"图＋层",图即为图像,层即为分层,也就是层叠的意思。打个比方说:在一张张透明的玻璃纸上作画,透过上面的玻璃纸可以看见下面纸上的内容,但是无论在上一层上如何涂画都不会影响到下面的玻璃纸,上面一层会遮挡住下面的图像。最后将玻璃纸叠加起来,通过移动各层玻璃纸的相对位置或者添加更多的玻璃纸即可改变最后的合成效果。如图3-1所示。

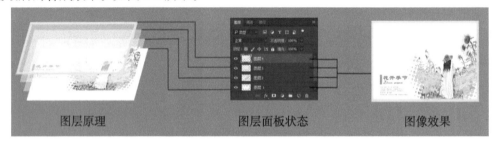

图3-1　移动或添加玻璃纸效果

3.2　图层面板

3.2.1　图层面板的作用

新建、编辑和管理图层,以及为图层添加样式等,图层面板各功能如图3-2所示。

- "图层"面板作用:创建、编辑和管理图层,以及为图层添加样式。
- 显示"图层"面板方法:执行菜单中的"窗口|图层"命令,调出图层面板

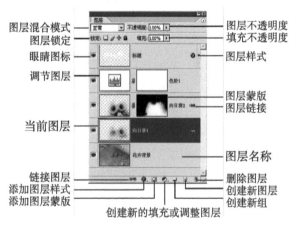

图3-2　图层面板各功能

3.2.2　显示或隐藏图层面板方法

执行菜单命令"窗口"—"图层"或使用快捷键 F7。

3.3　图层的基本操作

3.3.1　新建图层、图层组

方法 1：执行"图层"—"新建"—"图层"/"组"命令或按下快捷键 Shift + Ctrl + N，创建一个空白透明的图层。

方法 2：单击"图层面板"底部的"创建新图层"/"创建新组"按钮，可以创建一个 Photoshop 默认的图层，图层名称为"图层 1"/"组 1"，如图 3-3 所示。

方法 3：通过拷贝和剪切创建新图层。

（1）在有选区的时候，执行"图层"—"新建"—"通过拷贝的图层"命令，可以将选区中的图像拷贝至一个新的图层，快捷键 Ctrl + J。执行"图层"—"新建"—"通过剪切的图层"命令，可以将当前选区中的图像剪切至一个新的图层中，快捷键 Ctrl + Shift + J。

（2）在"图层"面板中，通过复制、剪切已经存在的图层或选区中的对象，在图层面板中粘贴即可创建一个包含复制、剪切对象的图层，图层名称为默认名称。按 Ctrl + J 组合键可以创建一个当前图层的拷贝图层，图层名称为图层 X 拷贝。

图 3-3　创建新图层

3.3.2　选择/取消选择图层

（1）在"图层"面板中，单击鼠标左键，即可选中要选择的图层，如图 3-4 所示。

（2）在图层面板中要选择多个连续图层时可以按 Shift 键，单击首尾两个图层即可完成；按 Ctrl 键单击图层可以选择多个不连续的图层，如图 3-5 所示。

（3）选择所有图层，执行菜单命令"选择"—"所有图层"或按下 Ctrl + Alt + A 组合键可以选择除"背景"层以外的所有图层，此时按下 Ctrl 键，单击"背景"层即可将所有图层选中。

（4）执行菜单"选择"—"取消选择图层"命令，也可以在图层面板最下面的空白处单击，不选择任何图层。

3.3.3　显示/隐藏图层、图层组或图层效果

在"图层"面板中，单击某个图层、图层组或图层效果左侧的眼睛图标即可显示或隐藏图层、图层组或图层效果，如图 3-6 所示。

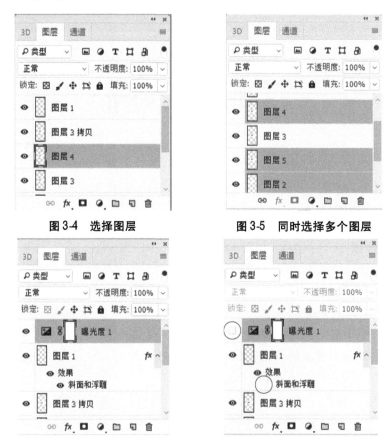

图 3-4　选择图层　　　　图 3-5　同时选择多个图层

图 3-6　显示或隐藏图层、图层组或图层效果

3.3.4　调整图层顺序

选中需要改变位置的图层,按住鼠标左键不放,拖动图层,放置到合适的位置即可改变顺序,如图 3-7 所示。

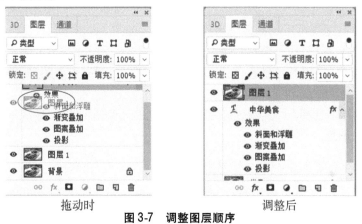

　　　拖动时　　　　　　　　　　调整后

图 3-7　调整图层顺序

3.3.5　复制图层

（1）在同一图像文件中复制图层,可以选中需要复制的图层,单击鼠标右键,单击"复制图层"菜单项,弹出"复制图层"对话框,如图 3-8 所示。复制后得到"图层 1 拷贝"图层,如图 3-9 所示。

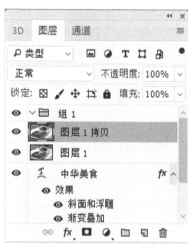

图 3-8　"复制图层"对话框　　　　图 3-9　复制图层后

（2）执行菜单命令"图层"—"复制图层",打开"复制图层"对话框,然后单击"确定"按钮即完成图层复制,得到"图层 1 拷贝"图层。

（3）选中需要复制的图层将其拖曳到图层面板底部的创建新图层按钮上就可以复制一个图层。

（4）使用快捷键 Ctrl + J 复制图层。

3.3.6　删除图层

选中要删除的一个或多个图层,直接拖至图层面板底部的"删除图层"按钮上或执行命令"图层"—"删除"—"图层"命令,也可以直接按 Delete 键将该图层删除。

3.3.7　链接图层与取消链接

选中两个或多个图层,执行"图层"—"链接图层"命令或单击"图层"面板底部的"链接图层"按钮,可以将这些图层链接起来。

若要取消某一个图层的链接,选中该图层然后单击"图层"面板底部的"链接图层"按钮;若要取消全部链接,可以执行命令"图层"—"取消图层链接"或选中全部链接图层后单击"链接图层"按钮。

3.3.8　图层的重命名

在设计复杂、图层众多的情况下,如果只是使用默认的图层名称,设计者查找图层很不方便,为了便于快速找到相关图层,往往需要给图层重命名。在图层名称上双击鼠标左键,激活名称输入框,输入名称即可。

3.3.9　锁定图层

在图层面板中有多个锁定按钮,用来保护图层的透明区域、图像的像素及图层的位置,可以对图层进行完全锁定或部分锁定操作。

锁定透明像素:可以保护图层的透明区域,可以在不透明区域进行编辑。

锁定图像像素:不能在图层上绘画、擦除或应用滤镜等,只能对图像进行移动或变换操作。

锁定位置:图层不能够再移动。

锁定全部:不能对图层进行任何操作。

3.3.10　栅格化图层

选择需要栅格化的图层,然后执行"图层"—"栅格化"菜单下的子命令,就可以将相应的图层栅格化,或者在"图层"面板中右键单击该图层,在弹出的菜单中选择"栅格化图层"。

3.3.11　图层的对齐与分布

在一个文档中包含三个以上图层时,让图层上的对象按照规律进行分布,可以选中这些图层,执行"图层"—"对齐"/"分布"命令。对齐与分布方式均有 6 种,如图 3-10 所示。

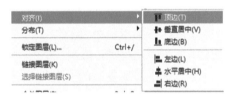

图 3-10　对齐方式

使用方法:选中需要排列的图层,如图 3-11 所示中的证件照(对齐与分布之前),先执行"图层"—"分布"—"水平居中"命令,4 张照片间的间距变得相等。接下来执行"图层"—"对齐"—"顶边"命令,4 张照片就排列整齐了,如图 3-12 所示。

图 3-11　证件照调整前　　　　　　　　　　图 3-12　证件照调整后

3.3.12　合并和盖印图层

1.合并图层

在图层面板中选中需要合并的图层,执行命令"图层"—"合并图层"即可。

2.合并可见图层

执行命令"图层"—"合并可见图层"或按快捷键 Ctrl + Shift + E 即可合并图像中所有

可见图层。

　　3. 盖印图层

　　向下盖印图层,选择一个图层,按快捷键 Ctrl + Alt + E,可以将这个图层的图像盖印到下面的图层中,原始图层中的内容保持不变。

　　盖印多个图层,选择多个图层,按快捷键 Ctrl + Alt + E,可以将这些图层中的内容全部盖印到一个新的图层中,原始图层中的内容保持不变。

　　盖印可见图层,按快捷键 Shift + Ctrl + Alt + E,可以将所有可见图层盖印到一个新的图层中。

3.4　图层混合模式

　　图层的混合模式是指图层与其下方图层的色彩叠加方式,Photoshop 中有 27 种图层混合模式,每种模式都有其各自的运算公式。因此,对同样的两幅图像,设置不同的图层混合模式,得到的图像效果也是不同的。根据各混合模式的基本功能,大致分为 6 类,如图 3-13 所示。

3.4.1　设置图层混合模式

　　选中图层,在图层面板中“图层混合模式”下拉菜单中选择不同的模式即可。

3.4.2　图层混合模式详解

　　(1)正常:是默认模式。在正常情况下,不透明度为 100% 时,上层图像会完全遮住下层图像。

　　(2)溶解:在“不透明度”和“填充”为 100% 时,该模式不会与下层图像相混合,只有其中任何一个值小于 100% 时才能产生效果,使透明度区城上的像素离散,如图 3-14 所示。

图 3-13　图层混合模式

　　(3)变暗:比较每个通道中的颜色信息,并选择基色或混合色中较暗的颜色作为结果色,同时替换比混合色亮的像素,而比混合色暗的像素保持不变,如图 3-15 所示。

　　(4)正片叠底:任何颜色与黑色混合产生黑色,任何颜色与白色混合保持不变,如图 3-16 所示。

　　(5)颜色加深:通过增加上下层图像之间的对比度来使像素变暗,与白色混合后不产生变化,如图 3-17 所示。

　　(6)线性加深:通过减小亮度使像素变暗,与白色混合不产生变化,如图 3-18 所示。

　　(7)深色:通过比较两个图像的所有通道的数值的总和,然后显示数值较小的颜色,如图 3-19 所示。

图 3-14　图层混合模式—溶解

图 3-15　图层混合模式—变暗

图 3-16　图层混合模式—正片叠底

图 3-17　图层混合模式—颜色加深

图 3-18　图层混合模式—线性加深

（8）变亮：比较每个通道中的颜色信息，并选择基色或混合色中较亮的颜色作为结果色，同时替换比混合色暗的像素，而比混合色亮的像素保持不变，如图 3-20 所示。

（9）滤色：与黑色混合时颜色保持不变，与白色混合时产生白色，如图 3-21 所示。

（10）颜色减淡：通过减小上下层图像之间的对比度来提亮底层图像的像素，如图 3-22 所示。

（11）线性减淡（添加）：与"线性加深"模式产生的效果相反，可以通过提高亮度来减淡颜色，如图 3-23 所示。

（12）浅色：通过比较两个图像的所有通道的数值的总和，然后显示数值较大的颜色，如图 3-24 所示。

图 3-19　图层混合模式—深色

图 3-20　图层混合模式—变亮

图 3-21　图层混合模式—滤色

图 3-22　图层混合模式—颜色减淡

图 3-23　图层混合模式—浅色减淡(添加)

图 3-24　图层混合模式—浅色

(13)叠加:对颜色进行过滤并提亮上层图像,具体取决于底层颜色,同时保留底层图像的明暗对比,如图 3-25 所示。

(14)柔光:使颜色变暗或变亮,具体取决于当前图像的颜色。如果上层图像比 50% 灰色亮,则图像变亮;如果上层图像比 50% 灰色暗,则图像变暗,如图 3-26 所示。

(15)强光:对颜色进行过滤,具体取决于当前图像的颜色。如果上层图像比 50% 灰色亮,则图像变亮;如果上层图像比 50% 灰色暗,则图像变暗,如图 3-27 所示。

(16)亮光:通过增加或减小对比度来加深或减淡颜色,具体取决于上层图像的颜色。效果同上,如图 3-28 所示。

(17)线性光:通过减小或增加亮度来加深或减淡颜色,具体取决于上层图像的颜色。效果同上,如图 3-29 所示。

(18)点光:根据上层图像的颜色来替换颜色,如图 3-30 所示。

图 3-25　图层混合模式—叠加

图 3-26　图层混合模式—柔光

图 3-27　图层混合模式—强光

图 3-28　图层混合模式—亮光

图 3-29　图层混合模式—线性光

图 3-30　图层混合模式—点光

（19）实色混合：将上层图像的 RGB 通道值添加到底层图像的 RGB 值，如图 3-31 所示。

（20）差值：上层图像与白色混合将反转底层图像的颜色，与黑色混合则不产生变化，如图 3-32 所示。

（21）排除：创建一种与"差值"模式相似，但对比度更低的混合效果，如图 3-33 所示。

（22）减去：从目标通道中相应的像素上减去通道中的像素值，如图 3-34 所示。

（23）划分：比较每个通道中的颜色信息，然后从底层图像中划分上层图像，如图 3-35 所示。

（24）色相：用底层图像的明亮度和饱和度以及上层图像的色相来创建结果色，如图 3-36 所示。

（25）饱和度：用底层图像的明亮度和色相以及上层图像的饱和度来创建结果色，在饱和度为 0 的灰度区域应用该模式不会产生任何变化，如图 3-37 所示。

图 3-31 图层混合模式—实色混合

图 3-32 图层混合模式—差值

图 3-33 图层混合模式—排除

图 3-34 图层混合模式—减去

图 3-35 图层混合模式—划分

图 3-36 图层混合模式—色相

（26）颜色：用底层图像的明亮度以及上层图像的色相和饱和度来创建结果色，这样可以保留图像中的灰阶，对于为单色图像上色或给彩色图像着色非常有用，如图 3-38 所示。

图 3-37 图层混合模式—饱和度

图 3-38 图层混合模式—颜色

（27）明度：用底层图像的色相和饱和度以及上层图像的明亮度来创建结果色，如图 3-39 所示。

图 3-39　图层混合模式—明度

3.5　图层样式

3.5.1　图层样式介绍

Photoshop CC 2017 提供了 10 种图层样式可供选择，是附加在图层上的"特殊效果"。可以单独为图像添加一种样式，也可同时为图像添加多种样式，如图 3-40 所示。

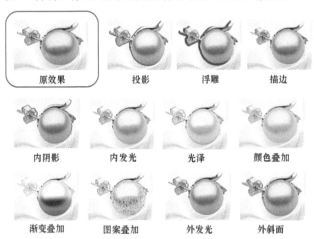

图 3-40　图层样式

图层样式有外斜面和浮雕、描边、内阴影、内发光、光泽、颜色叠加、渐变叠加、图案叠加、外发光、投影等。

3.5.2　图层样式的相关操作

1.添加图层样式

方法 1：在图层面板下方，选择需要设置的图层样式，弹出"图层样式"对话框，进行参数设置，单击"确定"按钮完成添加，如图 3-41 所示。

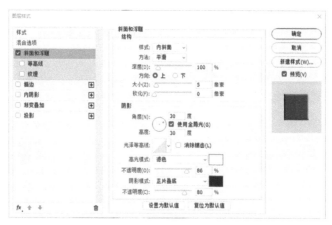

图 3-41　"图层样式"对话框

方法 2：执行"图层"—"图层样式"菜单下的子菜单命令，即弹出"图层样式"对话框，设置参数即可。

方法 3：在"图层"面板中双击需要添加图层样式的图层，在打开的"图层样式"对话框中选择要添加的样式即可。

注意：

在添加图层样式时，只勾选选项可以添加相应的样式，但是并未打开设置参数的控制区。

2．复制/粘贴图层样式

方法 1：选中图层，执行"图层"—"图层样式"—"拷贝图层样式"命令，选择目标图层，然后执行"图层"—"图层样式"—"粘贴图层样式"命令即可完成。

方法 2：利用鼠标右键菜单进行复制、粘贴。选中图层，单击鼠标右键，在弹出的快捷菜单中选择"拷贝图层样式"命令，再选中目标图层，单击鼠标右键，在弹出的快捷菜单中选择"粘贴图层样式"命令即可。

3．清除图层样式

方法 1：选中已添加图层样式的图层，单击鼠标右键，在弹出的菜单选项中选择"清除图层样式"，即可清除图层样式，如图 3-42 所示。

方法 2：选中某个图层样式，将其拖至图层面板底部的删除按钮上即可删除该样式。

图 3-42　"清除图层样式"选项

3.5.3　图层样式详解

通过一个实例进行图层样式的讲解。

1．"投影"图层样式

使用"投影"图层样式可以非常方便地为图像添加阴影效果。选择"图层"—"图层样式"—"投影"命令,或单击"图层"面板底部的"添加图层样式"按钮,在下拉菜单中选择"投影"命令,即可应用该图层样式,参数设置对话框如图 3-43 所示。

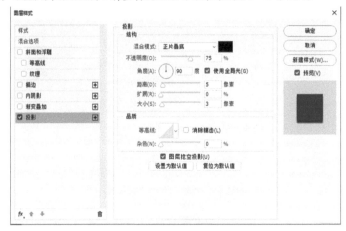

图 3-43　"投影"参数设置对话框

混合模式:在此下拉列表中可以为阴影选择不同的"混合模式",从而得到不同的效果。单击其左侧颜色块,在弹出的"拾色器"对话框中选择颜色,可以将此颜色指定为投影颜色。

不透明度:在此可以输入数值定义投射阴影的不透明度,数值越大则阴影效果越浓,反之越淡。

角度:在此拨动角度轮盘的指针或输入数值,可以定义阴影的投射方向。

使用全局光:选中该选项的情况下,如果改变任意一种图层样式的"角度"数值,将同时改变所有图层样式的角度。如果需要为不同的图层样式设置不同的"角度"数值,就应该取消此选项。

距离:在此拖动滑块或输入数值,可以定义"投影"的投射距离,数值越大,则"投影"在视觉上距投射阴影的对象越远,其三维空间的效果就越好,反之则"投影"越贴近投射阴影的对象。

扩展:在此拖动滑块或输入数值,可以增加"投影"的投射强度,数值越大,则"投影"的强度越大,颜色的淤积感越强烈。如图 3-44 所示中左图为原图例,右图和中图所示为设置不同"扩展"数值时的效果。

图 3-44　应用"投影"效果对比

大小：此参数控制"投影"的柔化程度大小，数值越大，则"投影"的柔化效果越明显，反之则越清晰。如图 3-45 所示为其他参数值不变的情况下，"大小"值分别为 4 与 40 两种数值情况下的"投影"效果。

图 3-45　"大小"值分别为 4 与 40 两种数值情况下的"投影"效果

消除锯齿：选择此选项，可以使应用等高线后的"投影"更细腻。

杂色：此参数可以为"投影"增加杂色。

等高线：使用等高线可以定义图层样式效果的外观，单击此下拉列表右侧的按钮，将弹出如图 3-46 所示的"等高线"列表。可在该列表中选择等高线的类型，在默认情况下 Photoshop 自动选择线性等高线。如图 3-47 所示为在其他参数与选项不变的情况下，选择两种不同的等高线得到的效果。

图 3-46　"等高线"列表　　　　　图 3-47　"等高线"应用效果

2. "斜面和浮雕"图层样式

使用"斜面和浮雕"图层样式，可以为图像添加高光及暗调，从而实现具有立体感的图像效果。在实际工作中该样式使用非常频繁，对话框如图 3-48 所示。

样式：选择"样式"中的各选项，可以设置效果的样式。可以选择"外斜面""内斜面""浮雕效果""枕状浮雕""描边浮雕"5 种效果。

方法：在此下拉列表中可以选择"平滑""雕刻清晰""雕刻柔和"3 种创建"斜面和浮雕"效果的方法，其效果分别如图 3-49 所示。

深度：此参数值控制"斜面和浮雕"效果的深度，数值越大，则效果越明显。

方向：在此可以选择"斜面和浮雕"效果的视觉方向，通过选择"上"或"下"单选按钮，可以使斜面和浮雕效果上的高光反方向呈现。如图 3-50 所示左图所示为选择"上"单选按钮所得的效果，右图所示为选择"下"单选按钮所得的效果。

大小：此参数控制"斜面和浮雕"效果亮部区域与暗部区域的大小，数值越大，则亮部

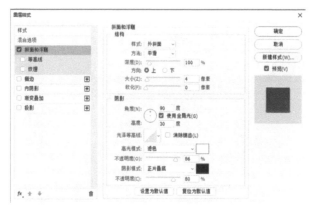

图 3-48　"斜面和浮雕"对话框

图 3-49　"斜面和浮雕"效果

图 3-50　"方向"应用效果

区域与暗部区域所占图像的比例也越大。

　　软化:此参数控制"斜面和浮雕"效果亮部区域与暗部区域的柔和程度,数值越大,则亮部区域与暗部区域越柔和。

　　高光模式、阴影模式:在两个下拉列表中可以为形成"斜面和浮雕"效果的高光与暗调部分选择不同的混合模式,从而得到不同的效果。如果分别单击左侧颜色块,还可以在弹出的"拾色器"中为高光与暗调部分选择不同的颜色。

　　等高线:使用等高线可以定义图层样式效果的外观。单击此下拉列表右侧的按钮,将弹出"曲线"列表选择面板,在对话框中可选择数种 Photoshop 默认的曲线类型。如图 3-51 所示,以左图所示的文字为例,中图为添加"斜面和浮雕"图层样式并设置等高线后的光泽效果,右图所示为局部放大效果。

图 3-51　"等高线"应用效果

3．"描边"图层样式

使用"描边"图层,可以用颜色、渐变和图案 3 种方式为当前图层中不透明像素描画轮廓,对于具有锐利边缘(如文字类)的图层而言,其效果非常显著,参数设置对话框如图 3-52 所示。

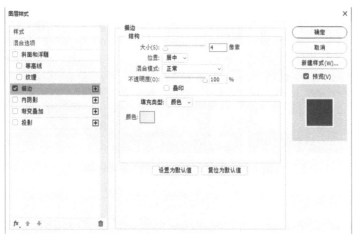

图 3-52　"描边"对话框

大小:此参数用于控制"描边"的宽度,数值越大,则生成的描边宽度越大。

位置:在此下拉列表中可以选择"外部""内部""居中"三种位置。

填充类型:在下拉列表中可设置"描边"类型,其中有"颜色""渐变"及"图案"三个选项。描边示例效果如图 3-53 所示。

4．"内阴影"图层样式

使用"内阴影"图层样式,可以为非"背景"图层中的图像添加位于图像非透明区域内的阴影效果,使图像具有凹陷效果。

5．"外发光与内发光"图层样式

使用"外发光"图层样式,可为图层增加发光效果。此类效果常用于具有较暗背景的

图 3-53 "填充类型"应用效果

图像中,以创建一种发光的效果。

使用"内发光"图层样式,可以在图层中增加不透明像素内部的发光效果。该样式的对话框与"外发光"样式相同,如图 3-54 所示 3 张图片,分别为原图、添加"外发光"及添加"内发光"样式后的效果。

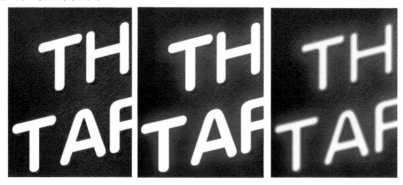

图 3-54 "外发光与内发光"应用效果

6."光泽"图层样式

使用"光泽"图层样式,可以在图层内部根据图层的形状应用阴影,通常用于创建光滑的磨光及金属效果。此参数的使用要点在于选择不同的等高线类型,在设计中常被用来模拟图像内部流动的光晕,应用效果如图 3-55 所示。

图 3-55 "光泽"应用效果

7. "颜色叠加"图层样式

选择"颜色叠加"样式,可以为图层中的图像叠加某种颜色,其对话框非常简单,只有"混合模式""不透明度"两个常规参数及一个颜色设计参数。

8. "渐变叠加"图层样式

使用"渐变叠加"图层样式,可以为图层叠加渐变效果。其参数与渐变工具的选项,或渐变填充图层的参数基本相同。

9. "图案叠加"图层样式

使用"图案叠加"图层样式,可以为图像叠加图案效果。其参数与"填充"对话框,或图案填充图层的参数基本相同。

3.6　图层蒙版

通过"黑白"来控制图层内容的显示和隐藏,可以随时修改,并且不会修改图片本身。因此,失败了可以重来,这是图层蒙版最大的优点。图层蒙版常用于合成中图像某部分区域的隐藏,单击"图层"面板底部的"添加图层蒙版"按钮给图层添加图层蒙版,效果如图 3-56 所示。

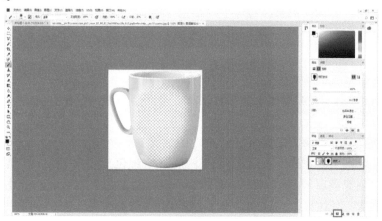

图 3-56　"图层蒙版"应用效果

3.7　剪贴蒙版

以下层图层的"形状"控制上层图层显示的"内容"。用通俗的方式来理解,就像在不透明的塑料板上"凿洞",可凿出许多大大小小的洞,也可以凿出特殊形状的洞,然后把这块被凿洞的不透明塑料板放在需要被蒙版的图像上,与图像重叠,这时候我们只能透过"洞"看到图像,图像也只能在这个"洞"的范围内显示。这时候的蒙版紧贴在图像上,使图像感觉就像被剪切了一样,因而这种蒙版为剪贴蒙版。

图例中,选中图层 1,单击鼠标右键,在弹出的快捷菜单中选择"创建剪贴蒙版"即可,而且上层图像的位置可以进行移动调整,创建剪贴蒙版如图 3-57 所示,创建剪贴蒙版后还可以在右键菜单中选择"释放剪贴蒙版"。

图 3-57　创建剪贴蒙版

3.8　特殊图层

特殊图层包括普通图层外的其他类型图层,比如填充图层、调整图层、智能对象图层、文字图层和形状图层。

3.8.1　填充图层

可以用纯色、渐变色或图案填充图层。与调整图层不同,填充图层不影响它们下面的图层。

1.创建纯色填充图层

(1)执行菜单命令"图层"—"新建填充图层"—"纯色",在打开的新建图层对话框中可以设置纯色填充图层的名称、颜色、模式和不透明度,如图 3-58 所示。点击"确定"按钮后,打开"拾色器"对话框,如图 3-59 所示选择要填充的颜色即可,图层面板中显示如图 3-60 所示。

 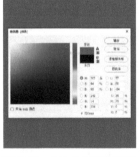 

图 3-58　"新建图层"—颜色填充　　图 3-59　"拾色器"对话框　　图 3-60　颜色填充显示

(2)创建好纯色填充图层后,可以对该图层进行混合模式、不透明度的调整,也可以编辑其蒙版,如图 3-61 所示为将混合模式修改为正片叠底后的效果,如图 3-62 所示为编辑蒙版后的效果。

图3-61 将混合模式修改为正片叠底后的效果

图3-62 编辑蒙版后的效果

2.创建渐变填充图层

(1)执行菜单命令"图层"—"新建填充图层"—"渐变",在打开的"新建图层"对话框中可以设置渐变填充图层的名称、颜色、模式和不透明度,如图3-63所示。点击"确定"按钮后,打开"渐变填充"对话框,如图3-64所示,选择要填充的渐变填充方案即可,图层面板中显示如图3-65所示。

图3-63 "新建图层"—渐变填充

(2)创建好纯色填充图层后,可以对该图层进行混合模式、不透明度的调整,也可以编辑其蒙版,如图3-66所示为将混合模式修改为滤色后的效果。

图 3-64　"渐变填充"对话框　　　　图 3-65　渐变填充显示　　　　图 3-66　将混合模式修改为滤色后的效果

3. 创建图案填充图层

图案填充图层可以用一种图案填充图层,并带一个图层蒙版。

执行菜单命令"图层"—"新建填充图层"—"图案",在打开的"新建图层"对话框中可以设置图案填充图层的名称、颜色、模式和不透明度,如图 3-67 所示。点击"确定"按钮后,打开"图案填充"对话框,选择填充图案,效果如图 3-68 所示。

图 3-67　"新建图层"—图案填充　　　　图 3-68　"图案填充"对话框

提示:填充图层也可以通过"图层"面板底部的"创建新的填充或调整图层"按钮来创建,在弹出的菜单中选择相关命令即可,如图 3-69 所示。

3.8.2　调整图层

调整图层可将颜色和色调调整应用于图像,而不会永久更改像素值。例如,可以创建"色阶"或"曲线"调整图层,而不是直接在图像上调整"色阶"或"曲线"。颜色和色调调整存储在调整图层中并应用于该图层下面的所有图层;可以通过一次调整来校正多个图层,而不用单独对每个图层进行调整。可以随时扔掉更改并恢复原始图像。

创建调整图层可以通过执行"图层"—"新建调整图层"选择下级子命令,就可以创建相应的调整图层。也可以通过"图层"面板底部的"创建新的填充或调整图层"按钮来创建,在弹出的菜单中选择相关命令即可,如图 3-69 所示。

创建色阶调整图层,执行"图层"—"新建调整图层"—"色阶"命令,打开新建图层对

纯色...
渐变...
图案...

亮度/对比度...
色阶...
曲线...
曝光度...

自然饱和度...
色相/饱和度...
色彩平衡...
黑白...
照片滤镜...
通道混合器...
颜色查找...

反相
色调分离...
阈值...
渐变映射...
可选颜色...

图 3-69　调整图
层子菜单

话框,如图 3-70 所示。点击"确定"按钮,就可以创建一个调整图层,如图 3-71 所示,相应的属性面板如图 3-72 所示,可以进行相应的参数调整。

图 3-70　"新建图层"—色阶

图 3-71　创建调整层

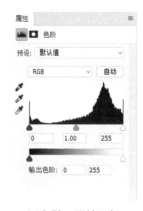

图 3-72　属性面板

关于其他调整命令,后面章节会进行详细讲解,此处不再赘述。

3.8.3　智能对象图层

智能对象图层是对其放大或缩小之后,该图层的分辨率也不会发生变化(区别:普通图层缩小之后,再去放大变换就会发生分辨率的变化)。而且智能图层有"跟着走"的说法,即一个智能图层上发生了变化,对应"智能图层图层副本"也会发生相应的变化。

执行命令"图层"—"智能对象"—"转换为智能对象"命令可以将普通图层转换为智能对象。图层面板中显示对比效果如图 3-73 所示。

3.8.4　文字图层

通过文字工具可以创建文字图层。文字图层不可以进行滤镜、图层样式等的操作,但是 Photoshop 中文字图层是矢量图层,就是放大或缩小都不会模糊,但它也不能像位图一样进行编辑,要像位图一样编辑就得删格化变成位图图层。

文字工具组包含四种工具:横排文字工具、直排文字工具、横排文字蒙版工具和直排文字蒙版工具,如图 3-74 所示。前两种会创建新的文字图层,如图 3-75 所示,后两种用于创建文字选区。

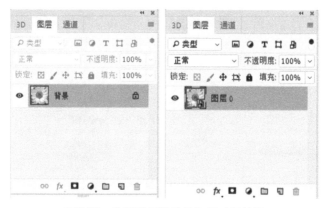

图 3-73 普通图层转换为智能对象效果

图 3-74 文字工具组

图 3-75 创建新的文字图层

3.9 实例练习

【案例 3-1】 制作奥运五环。

1. 案例描述

利用 Photoshop 软件的图层技术来制作奥运五环图像,如图 3-76 所示。

图 3-76 奥运五环图像

2. 案例分析

本案例通过移动工具、矩形选框、椭圆选框等工具的使用方法,并掌握颜色的选择和填充方法,最后通过"变换选区""通过拷贝的图层"等命令巧妙的完成每一个圆环之间的套锁关系。

3. 案例实施

(1)新建一个 800 像素×600 像素、分辨率为 72 像素/英寸的文件,如图 3-77 所示。

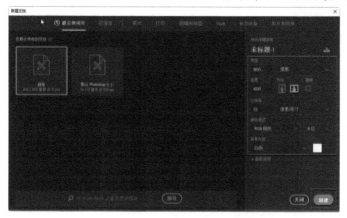

图 3-77　新建文件

(2)单击"创建新图层"按钮,创建一个新图层,命名为蓝环,如图 3-78 所示。

图 3-78　创建新图层蓝环

(3)单击"椭圆选框工具",设置固定大小,宽、高均为 200 像素,创建正圆形选区,如图 3-79 所示。

(4)填充前景色为蓝色 RGB(0.0.255),执行"选择"—"变换选区"命令。将宽、高设置为 85%,按回车键,应用变换,如图 3-80、图 3-81 所示。

(5)按 Delete 键删除选区内容,并按 Ctrl + D 组合键取消选区,得到蓝环效果,如图 3-82 所示。

(6)重复步骤(2)~(5),分别制作出黑环、红环、黄环和绿环。使用移动工具将 5 个环摆放到合适位置,如图 3-83 所示。

(7)单击"蓝环"图层,设置其为当前图层,使用矩形选框工具,在蓝环和黄环交叉的

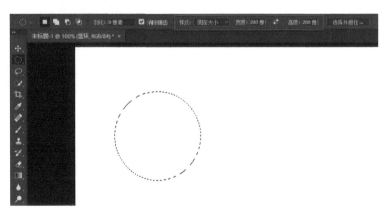

图 3-79　创建正圆形选区

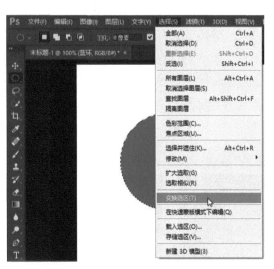

图 3-80　"变换选区"选项

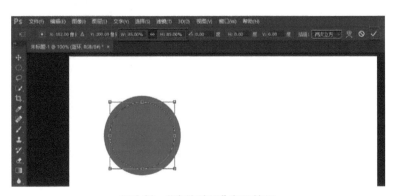

图 3-81　"变换选区"应用效果

位置创建一个矩形选区,如图 3-84 所示。

　　(8)执行"通过拷贝的图层"命令,生成"图层 1",将其拖动到图层面板最上方,如图 3-85 所示。

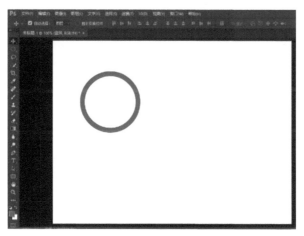

图 3-82　蓝环效果

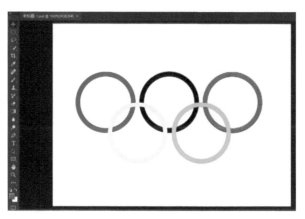

图 3-83　五环效果

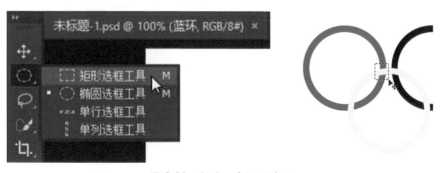

图 3-84　创建一个矩形选区

（9）单击"黑环"图层，设置其为当前图层，使用矩形选框工具，在黑环和黄环交叉的位置创建一个矩形选区，如图 3-86 所示。执行"通过拷贝的图层"命令，生成"图层 2"，将其拖动到图层面板最上方。

（10）单击"黑环"图层，设置其为当前图层，使用矩形选框工具，在黑环和绿环交叉的位置创建一个矩形选区。执行"通过拷贝的图层"命令，生成"图层 3"，将其拖动到图层

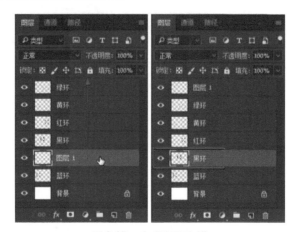

图 3-85 生成"图层 1"

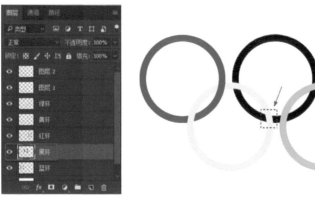

图 3-86 生成"图层 2"

面板最上方,如图 3-87 所示。

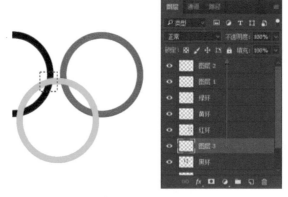

图 3-87 生成"图层 3"

　　(11)单击"红环"图层,设置其为当前图层,使用矩形选框工具,在红环和绿环交叉的位置创建一个矩形选区。执行"通过拷贝的图层"命令,生成"图层 4",将其拖动到图层面板最上方,如图 3-88 所示。

　　(12)执行"文件"—"存储"命令,保存文件,最终效果如图 3-89 所示。

图 3-88　生成"图层 4"

图 3-89　五环成品效果

【**案例 3-2**】　利用文字图层制作海报。

1. 案例描述

制作手机产品宣传海报,效果如图 3-90 所示。

图 3-90　手机产品宣传海报

2. 案例分析

运用"文字工具"命令,输入文字,设置"字符面板"相关参数;熟练使用钢笔工具,绘制路径,制作路径文字效果;熟练运用"图层样式"命令,改变图层样式效果。

3. 案例实施

(1)打开背景和彩虹素材,将彩虹素材拖入背景中,并调整到合适位置,如图 3-91 所示。

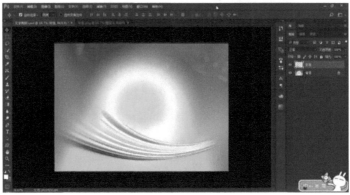

图 3-91　将彩虹素材拖入背景并调整

(2)在图层面板上,将"彩条"图层的混合模式设置为"线性加深"如图 3-92 所示。

图 3-92　设置混合模式为"线性加深"

(3)打开手机素材,拖入文件中,调整到合适位置,将图层命名为"手机",如图 3-93 所示。

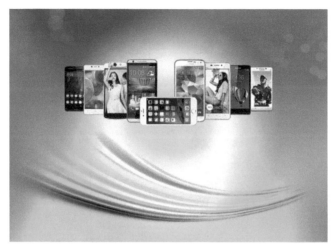

图 3-93   设置"手机"图层

（4）复制"手机"图层，将图层命名为"倒影"，选中倒影图层，执行"垂直翻转"命令，调整到适当位置，并调整手机和倒影图层的顺序，如图 3-94 所示。

图 3-94   设置倒影图层

（5）为倒影图层添加蒙版。前景色设置为黑色，选择渐变工具，选择前景色到透明模式，从下往上拖动实现渐变效果，如图 3-95 所示。

图 3-95   设置蒙版图层

Photoshop 图像处理基础教程

（6）选择文字工具，添加文字"卓越非凡，智者选择"。

（7）选中文字图层，执行"图层"—"图层样式"—"渐变叠加"，打开图层样式对话框，设置图层样式参数，如图 3-96 所示。

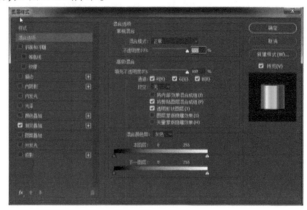

图 3-96　设置文字图层

（8）使用钢笔工具，沿着彩条绘制路径，使用文字工具，沿着路径输入文字"4G 时代我选择我的手机"，如图 3-97 所示。

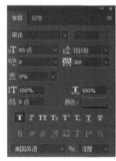 

图 3-97　设置文字内容

（9）为文字图层添加图层样式，设置相关参数，如图 3-98 所示。

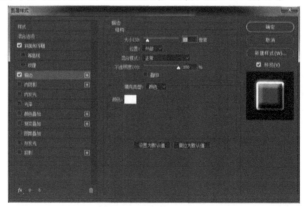

图 3-98　添加图层样式

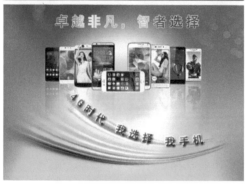

续图3-98

课后练习

一、选择题

1. 要在不弹出对话框的情况下，创建一个新的图层，可以按哪个键？（　　　）

　　A. Ctrl + Shift + N　　　　　　　　　　B. Ctrl + Alt + N

　　C. Ctrl + Alt + Shift + N　　　　　　　D. Ctrl + N

2. 单击"图层"面板上当前图层左边的眼睛图标，结果是（　　　）。

　　A. 当前图层被锁定　　　　　　　　　　B. 当前图层被隐藏

　　C. 当前图层会以线条稿显示　　　　　　D. 当前图层被删除

3. 下列可用于向下合并图层的快捷键是（　　　）。

　　A. Ctrl + E　　　　　　　　　　　　　B. Ctrl + Shift + E

　　C. Ctrl + F　　　　　　　　　　　　　D. Ctrl + Alt + E

4. 在选中多个图层（不含背景图层）后，不可执行的操作是（　　　）。

　　A. 编组　　　　B. 删除　　　　　　C. 转换为智能对象　　　　　D. 填充

5. 要对齐图层中的图像，首先应（　　　）。

　　A. 选中要对齐的图层　　　　　　　　　B. 绘制选区将要对齐的图像选中

　　C. 将要对齐的图层链接起来　　　　　　D. 将要对齐的图层合并

6. 下列操作不能删除当前图层的是（　　　）。

　　A. 将此图层用鼠标拖至垃圾桶图标上

B. 在"图层"面板菜单中选"删除图层命"令

C. 在有选区时直接按 Delete 键

D. 直接按 Esc 键

7. 在 Photoshop CC 2017 中提供了哪些图层合并方式？（　　）

  A. 向下合并　　　　　　　　　　B. 合并可见层

  C. 拼合图层　　　　　　　　　　D. 合并图层组

8. 下列哪些方法可以创建新图层？（　　）

  A. 双击"图层"面板的空白处，在弹出的对话框中进行设定选择新图层命令

  B. 单击"图层"面板下方的新图层按钮

  C. 使用鼠标将图像从当前窗口中拖动到另一个图像窗口中

  D. 按 Ctrl + N 键

9. 要选中多个连续的图层，可以按（　　）键。

  A. Ctrl　　　　　　B. Shift　　　　　　C. Alt　　　　　　D. Tab

10. 下面对图层组描述正确的是（　　）。

  A. 在"图层"面板中单击"创建新组"按钮可以新建一个图层组

  B. 可以将所有选中图层放到一个新的图层组中

  C. 按住 Ctrl 键的同时用鼠标单击图层选项栏中的图层组，可以弹出"图层组属性"对话框

  D. 在图层组内可以对图层进行删除和复制

11. 下列可以重复设置其参数的图层是（　　）。

  A. 渐变填充图层　　　　　　　　B. 图案填充图层

  C. "色阶"调整图层　　　　　　　D. "曲线"调整图层

12. 以下关于调整图层的描述错误的是（　　）。

  A. 可通过创建"曲线"调整图层或者通过"图像"—"调整"—"曲线"菜单命令对图像进行色彩调整，两种方法都对图像本身没有影响，而且方便修改

  B. 调整图层可以在"图层"面板中更改透明度

  C. 调整图层可以在"图层"面板中更改图层混合模式

  D. 调整图层可以在"图层"面板中添加矢量蒙版

13. 在复制智能对象图层时，若不希望原图层与副本图层之间有关系，则下列方法错误的是（　　）。

  A. 在智能对象图层的名称上单击鼠标右键，在弹出的菜单中选择"通过拷贝新建智能对象"

  B. 按 Ctrl + J 键

  C. 将智能对象图层拖至创建新图层按钮上

  D. 按住 Alt 键将智能对象图层拖至创建新图层按钮上

14. 下面哪些特性是调整图层所具有的？（　　）

  A. 调整图层是用来对图像进行色彩编辑，并不影响图像本身

  B. 调整图层可以通过调整不透明度、选择不同的图层混合模式来达到特殊的

效果

C. 调整图层可以删除,且删除后不会影响原图像

D. 选择任何一个"图像"—"调整"弹出菜单中的色彩调整命令都可以生成一个新的调整图层

二、填空题

1. 要将选中的图层编组,可以按_____键。

2. 若要在创建新图层时弹出"创建新图层"对话框,可以按住_____键单击"图层"面板中的创建新图层按钮。

3. 在对齐图像时,选择_____命令,从每个图层的垂直居中像素开始,以平均间隔分布链接的图层。

4. 单击"图层"面板底部的_____按钮,在弹出的菜单中选择"图案"命令,可以创建图案填充图层。

5. 选择"文件"菜单中的_____命令,在弹出的对话框选择一个图像文件,即可将其以智能对象的形式打开。

三、判断题

1. Photoshop 中"背景"图层始终在最低层。　　　　　　　　　　　　　(　　)

2. 只能通过拖动的方式改变图层的上下顺序。　　　　　　　　　　　　(　　)

3. 若当前图像中带有选区,则无法通过按 Delete 键的方式删除图层。　(　　)

4. 按 Ctrl + A 键可以选中"图层"面板中除"背景"图层以外的所有图层。(　　)

5. 使用渐变填充图层与渐变工具,可以制作得到相同的渐变效果,且二者在可编辑性上也完全相同。　　　　　　　　　　　　　　　　　　　　　　　　(　　)

6. 不能直接对背景层添加调整图层。　　　　　　　　　　　　　　　　(　　)

7. 对非智能对象图层中的图像进行反复的变换操作,会影响图像的质量。(　　)

8. 若当前存在选区,则创建调整图层时自动为该图层添加相应的图层蒙版。(　　)

9. 调整图层最大的特点之一就是可以反复编辑其参数,这对于我们在尝试调整图像时非常方便。　　　　　　　　　　　　　　　　　　　　　　　　　(　　)

四、实践操作题

1. 打开素材文件 FRESH. jpg,制作如图 3-99 所示的水晶字效果。

图 3-99

提示:输入文字,修改形状,为文字添加阴影效果;斜面和浮雕效果,设置"U"形光泽等高线,设置阴影模式为变暗(颜色为#8fb8bc),并调整其不透明度;描边,设置图层混合模式为"柔光",填充颜色为(#417314)。

2. 制作浮雕字效果,如图 3-100 所示。

图 3-100　效果示例

提示:输入文字 COOL,字号 150 点,字体为"Comic Sans MS",将文字转换为工作路径,修改其形状,使用投影、斜面和浮雕、描边(#f20401)和渐变(叠铬黄金属)处理文字效果,添加渐变背景(#002461、#08baf6)

第 4 章　修饰与美化图像

4.1　修复工具组

修复工具包括污点修复画笔工具、修复画笔工具、修补工具、内容感知移动工具、红眼工具,如图 4-1 所示。

4.1.1　污点修复画笔工具

"污点修复画笔工具"用于去除照片中的杂色或污斑。此工具与下面将要讲解的"修复画笔工具"非常相似。但不同的是,使用此工具时不需要进行取样操作,只需要用此工具在图像中有需要的位置单击,即可去除此处的杂色或污斑,此工具的工具选项栏如图 4-2 所示。

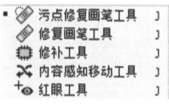

图 4-1　修复工具

图 4-2　"污点修复画笔工具"选项栏

4.1.2　修复画笔工具

"修复画笔工具"的最佳操作对象是有皱纹或雀斑等的照片,或者有污点、划痕的图像,因为该工具能够根据需要修改点周围的像素及色彩将其完美无缺地复原,而不留任何痕迹,此工具的工具选项栏如图 4-3 所示。

图 4-3　"修复画笔工具"选项栏

使用方法:单击"修复画笔工具",接着在选项栏中设置合适的笔尖大小,以及其他参数,接着按住 Alt 键在需要修补的对象附近进行取样,接着在需要修补的位置上按住鼠标左键拖曳进行涂抹,鼠标经过的位置就会被取样位置的像素所覆盖。

提示:通常要完成图像修复并不是一次取样就可以的,需要边修复、边取样。如图 4-4 所示为修复素材眼袋效果。

4.1.3　修补工具

利用样本或图案来修复所选图像区域中不理想的部分,可以完成面积较大区域的修补工作,此工具的工具选项栏如图 4-5 所示。

使用方法:单击"修补工具",在工具选项栏中,有"源"和"目标"两个选项。默认选

图 4-4　修复素材眼袋效果

图 4-5　"修补工具"选项栏

择"源"，然后在需要修补的位置绘制一个选区，接着将光标放置在选区内，按住鼠标左键将选区向能够覆盖修补位置的区域拖曳，到合适位置后松开鼠标即可。选择"目标"选项，操作和"源"选项相反，首先用选区工具选择目标区域的图像，然后拖至需要修补的区域即可。

4.1.4　内容感知移动工具

可以在无须复杂图层或慢速精确地选择选区的情况下快速地重构图像，此工具的工具选项栏如图 4-6 所示。

图 4-6　"内容感知移动工具"选项栏

使用方法：单击此工具，在需要移动的对象上绘制选区，然后将光标放置在选区上，按住鼠标左键拖曳进行移动至目标位置后按下回车键即可。

该工具有移动和扩展两种模式，如图 4-7 所示为两种模式的应用效果，左图为原图，中间为移动模式的效果，右图为扩展模式的效果。

（a）原图　　　　　　　　（b）移动模式　　　　　　　（c）扩展模式

图 4-7　移动和扩展模式运用效果

4.1.5　红眼工具

可以去除由闪光灯导致的红色反光，此工具的工具选项栏如图 4-8 所示。

使用方法：单击此工具，将光标移动到人物眼球的部分并单击鼠标，可以去除红眼，根

图 4-8　"红眼工具"选项栏

据情况可以多次点击,以达到更好的效果,如图 4-9 所示。

(a)应用前　　　　　　　　　　　　　　　　(b)应用后

图 4-9　"红眼工具"应用效果

4.2　图章工具

图章工具包括仿制图章工具和图案图章工具,如图 4-10 所示。

4.2.1　仿制图章工具

图 4-10　图章工具选项

仿制图章工具可以将图像的一部分或全部绘制到同一图像的另一个位置上或绘制到其他文档中,工具栏如图 4-11 所示。

图 4-11　"仿制图章工具"选项栏

使用方法:单击此工具,按住 Alt 键的同时单击鼠标左键进行取样。取样完成后松开 Alt 键,然后在需要修补的位置按住鼠标左键进行涂抹。

例:使用"仿制图章工具"将素材"雏菊. png"绘制到新建文档中。

(1)打开素材"雏菊. png",选择"仿制图章工具",按下 Alt 键单击鼠标左键在图中取样。

(2)新建"未标题 1"文档,在图中左上角的位置拖动鼠标进行涂抹直到绘制完成,即可得到一幅相同的图案,如图 4-12 所示。如要绘制多个图案,需要多次取样,绘制时鼠标的起点位置决定了所绘制图案的位置,如图 4-13 所示。

4.2.2　图案图章工具

可以使用预设图案或载入的图案进行绘画,大家可以现将想要填充的图案进行自定义,工具栏如图 4-14 所示。

图 4-12　采用"仿制图章工具"单次取样　　　图 4-13　采用"仿制图章工具"多次取样

图 4-14　"图案图章工具"工具栏

　　使用方法:单击此工具,然后单击"图案拾色器"按钮,在下拉菜单中选择合适的图案,接着在画面中按住鼠标左键拖曳,使用"雏菊.png"图案在空白文档中拖动鼠标,直至填满整个图像窗口,效果如图 4-15 所示。

图 4-15　"图案图章工具"应用效果

4.3　图像擦除工具组

　　图像擦除工具组包含橡皮擦工具、背景橡皮擦工具、魔术橡皮擦工具,如图 4-16 所示。

4.3.1　橡皮擦工具

　　作用:擦除光标经过位置的像素,工具选项栏如图 4-17 所示。

图 4-16　图像擦除工具组

图 4-17　"橡皮擦工具"选项栏

模式:包含画笔、铅笔、块三种,擦除的痕迹不同,画笔笔触光滑,产生柔边效果;铅笔笔触倾斜时痕迹边缘有锯齿;块笔触呈方形。

不透明度:设置橡皮擦工具的擦除强度。

流量:设置橡皮擦工具的涂抹速度。

抹到历史记录:选中该选项,橡皮擦工具的作用相当于历史记录画笔工具。

使用方法:单击此工具,设置合适笔尖大小,在画面中按住鼠标左键拖曳,光标经过的位置像素会被擦除掉,使用该工具在背景图层或锁定了透明像素的图层进行擦除,擦除的像素将变成背景色,如图 4-18 所示;在普通图层进行擦除,擦除的像素将变成透明,如图 4-19 所示。

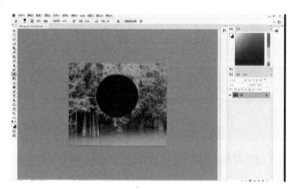

图 4-18　"橡皮擦工具"在
背景图层中的应用效果

4.3.2　背景橡皮擦工具

该工具的功能非常强大,用它不仅可以擦除图像,最重要的是可以进行抠图,工具选项栏如图 4-20 所示。

取样:"连续"取样按钮 ,在拖曳鼠标的时候可以连续对颜色进行取样,凡是出现在光标中心十字线以内的图像都将被擦除,如图 4-21 所示;选择"一次"取样按钮 ,只擦除第一次单击处颜色的图像,如图 4-22 所示;选择

图 4-19　"橡皮擦工具"在
普通图层中的应用效果

图 4-20　"背景橡皮擦工具"选项框

"背景色板"取样按钮 ，只擦除包含背景色的图像，如图 4-23 所示。

图 4-21　"连续"取样按钮应用效果

图 4-22　"一次"取样按钮应用效果

图 4-23　"背景色板"取样按钮应用效果

保护前景色：选中该选项，可以防止擦除与前景色匹配的区域。

4.3.3　魔术橡皮擦工具

可以将所有相似的像素更改为透明，该工具非常适合为背景颜色单一的图像抠图，如图 4-24 所示，工具选项栏如图 4-25 所示。

图 4-24　"保护前景色"应用效果

容差：32　☑ 消除锯齿　☑ 连续　☐ 对所有图层取样　不透明度：100%

图 4-25　"保护前景色"选项栏

使用方法：单击此工具，在选项栏中设置好参数，接着在需要擦除的位置单击，随即颜色相近的像素被擦除。

4.4　模糊工具组

该组工具包括模糊工具、涂抹工具和锐化工具,可以对图像进行模糊、涂抹和锐化处理,工具组如图 4-26 所示。

图 4-26　模糊工具组

4.4.1　模糊工具

柔化像素反差较大造成的"硬边缘",减少图像中的细节,该工具在某个区域绘制的次数越多,此区域就越模糊,工具选项栏如图 4-27 所示。

图 4-27　"模糊工具"选项栏

模式:用来设置混合模式。

强度:用来设置"模糊工具"的模糊强度。

对所有图层取样:未选中该选项,模糊工具只对当前图层起作用;选中该选项,模糊工具对所有可见图层起作用。

使用方法:单击此工具,在选项栏中设置好参数,然后在画面中按住鼠标左键拖曳,光标经过的位置会变得模糊,如图 4-28 所示。

图 4-28　"模糊工具"应用效果

4.4.2　涂抹工具

通过拾取鼠标单击处的像素,沿着拖曳的方向展开这种颜色,可以模拟手指划过湿油漆时所产生的效果,工具选项栏如图 4-29 所示。

图 4-29　"涂抹工具"选项栏

手指绘画:选中该选项可以使用前景色进行涂抹绘制。

使用方法:单击此工具,在画面中按住鼠标左键拖动,被涂抹过的区域出现了画面像素的移动,如图 4-30 所示。

图 4-30　"涂抹工具"应用效果

4.4.3　锐化工具

可以增强图像中相邻像素之间的对比,以提高图像的清晰度,工具选项栏如图 4-31 所示,应用效果见图 4-32。

图 4-31　"锐化工具"选项栏

图 4-32　"锐化工具"应用效果

使用方法:单击此工具,在选项栏中设置合适的笔尖大小和锐化强度,接着在需要锐化的位置按住鼠标左键涂抹进行锐化,但在使用时要注意的是,如果锐化过度,会使画面出现较强的白线型印记,非常影响画面的美观程度。

4.5　减淡与加深工具

4.5.1　减淡工具

使用减淡工具可以对图像进行提亮处理,可以对图像的"亮部""中间调""暗部"分别进行减淡处理,用在某个区域的次数越多,该区域就会变得越亮,工具选项栏如图4-33所示。

图4-33　"减淡工具"选项栏

用户可根据需要,在工具选项栏中"范围"的下拉菜单中选择调整图像的色调范围;在工具选项栏中确定"曝光度"数值,以定义使用此工具操作时的亮化程度,此数值越大,亮化的效果越明显;如果希望在操作后图像的色调不发生变化,选择"保护色调"选项,然后使用此工具在图像中需要调亮的区域进行拖动,应用效果如图3-34所示

图4-34　"减淡工具"应用效果

4.5.2　加深工具

加深工具可以对图像进行加深处理,用在某个区域上方绘制的次数越多,该区域就会变得越暗,工具选项栏如图4-35所示,应用效果如图4-36所示。

图4-35　"加深工具"选项栏

Photoshop 图像处理基础教程

图 4-36 "加深工具"应用效果

4.6　裁剪工具组

裁剪工具组包括裁剪工具、透视裁剪工具、切片选择工具、切片工具,如图 4-37 所示。

图 4-37　裁剪工具组

裁剪工具:可以裁剪掉多余的图像,并重新定义画布的大小。

透视裁剪工具:可以在需要裁剪的图像上制作出带有透视感的裁剪框,在应用裁剪后,可以使图像带有明显的透视感。

切片工具:用于切割图片,制作网页分页。

切片选择工具:用于选择切片。

4.7　实例练习

【**案例 4-1**】　照片修复。

1. 案例描述

通过本案例的学习,使学生能够熟练掌握 Photoshop 软件"污点修复画笔工具""修复画笔工具""修补工具"的使用方法和技巧,通过灵活运用这些修复类工具来去除图像的斑痕,达到修复老旧照片、使其焕然一新的目的,见图 4-38。

2. 案例分析

分析"修复照片"中的人物,分析去除人物脸上的污点需要使用哪些工具,以及各工具的使用方法与技巧。

在案例实现过程中所涉及的知识点,主要包括"污点修复画笔工具""修复画笔工具"

素材图　　　　　　　　　　　　　效果图

图 4-38　照片修复前后对比(一)

"仿制图章工具"等。

3. 案例实施

(1)执行"文件"—"打开"命令,打开素材"旧照片. jpg",使用工具栏中的"缩放工具"或 Ctrl +" +"将图像的显示比例调大,显示出图像瘢痕的细节。

(2)选择工具栏中的"修补工具",并在上方的选项栏中设置它的参数,如图 4-39、图 4-40 所示。

| ⚙ ∨ | ■ ▣ ▣ ▣ | 修补: | 正常 ∨ | 源 | 目标 | □ 透明 | 使用图案 | 扩散: | 5 | ∨ |

图 4-39　"修补工具"选项栏

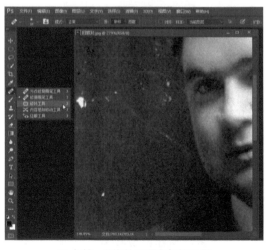

图 4-40　"修补工具"参数设置

（3）使用"修补工具"选择瘢痕图像，然后将选区拖动到没有瘢痕的位置，使瘢痕消失。重复上述方法，直至将男孩身后背景的瘢痕全部去除，如图4-41所示。

图4-41 "修补工具"应用效果

（4）选择工具栏中的"污点修复画笔工具"，并在上方选项栏中设置它的参数，通过单击或拖动鼠标指针的方法去除男孩衣服上的瘢痕，如图4-42所示。

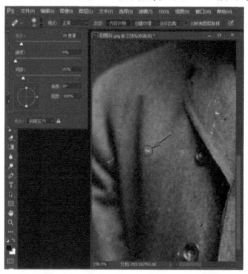

图4-42 "污点修复画笔工具"应用效果

（5）选择工具栏中的"修复画笔工具"，使用合适大小的画笔，按住Alt键不放，单击瘢痕附近正常的图像进行采样，然后松开Alt键，在瘢痕图像上单击鼠标左键或拖动涂抹，反复使用这种方法将图像中男孩头部的瘢痕去除，如图4-43所示。

（6）仔细检查图像，使用合适的工具将其他瘢痕去除，最后对图像进行保存，得到最终效果，如图4-44所示。

图 4-43　"修复画笔工具"应用效果

图 4-44　照片修复效果

【**案例 4-2**】　童年的回忆。

1. **案例描述**

素材中的照片上留下了岁月的痕迹,需要将其修复,去除污渍和无关人物,形成黑白与彩色对比的效果,如图 4-45 所示。

2. **案例实施**

(1)打开素材图片,利用红眼工具去除红眼。

(2)用"修复画笔工具"去除脸上和胳膊上的疤痕,如图 4-46 所示。

(3)用"修补工具"修复地面部分的瑕疵和部分人物,如图 4-47 所示。

(4)用"仿制图章工具"修复墙壁(注意墙壁上的纹理尽量不要修错乱),如图 4-48所示。

(5)使用"多边形套索"选中图片左边部分,再使用去色命令达到最终效果,如图 4-49所示。

素材图　　　　　　　　　　　　　　　　　效果图

图 4-45　照片修复前后对比（二）

图 4-46　"修复画笔工具"应用效果

图 4-47　"修补工具"应用效果　　　　　**图 4-48　"仿制图章工具"应用效果**

图 4-49　"多边形套索"应用效果

课后练习

一、选择题

1. 下列是以复制图像的方式进行图像修复处理的工作是(　　)。

   A. 修复画笔工具

   B. 修补工具

   C. 污点修复画笔工具

   D. 仿制图章工具

2. 在使用仿制图章工具时,按住哪个键并单击可以定义源图像? (　　)

   A. Alt　　　　　B. Ctrl　　　　　C. Shift　　　　　D. Alt + Shift

3. 下列关于仿制图章工具的说法中,正确的是(　　)。

   A. 选中"对齐"选项时,整个取样区域仅应用一次,反复使用此工具进行操作时,仍可从上次操作结束时的位置开始

   B. 未选中"对齐"选项时,每次停止操作后再继续绘画时,都将从初始参考点位置开始应用取样区域。

   C. 选中"当前图层"选项时,则取样和复制操作,都只在当前图层及其下方图层中生效

   D. 选择忽略调整图层按钮时,可以在定义源图像时忽略图层中的调整图层。

4. 下列修复工具中,工作原理相同,但工作方式不同的是(　　)。

   A. 修复画笔工具

   B. 画笔工具

   C. 污点修复画笔工具

   D. 仿制图章工具

二、填空题

1. 在使用修补工具时,首先应_____。

2. 在内容感知移动工具选项条中,选择_____选项,可仅针对选区内的图像进行修复处理。

3. 在使用修复画笔工具时,应先按住_____键定义源图像。

4. 使用加深工具时,可以在"范围"下拉列表中,选择阴影、_____和高光 3 个选项。

三、判断题

1. 在 2 个图像之间使用仿制图章工具进行修复时,无须按定义源图像即可直接操作。
(　　)

2. 使用污点修复画笔工具时,无须定义源图像即可操作。(　　)

3. 模糊工具与锐化工具的功能刚好相反,因此可以将使用模糊工具处理后的模糊图像,通过使用锐化工具将其复原。(　　)

4. 加深工具与减淡工具的功能刚好相反,因此可以将使用加深工具处理后的图像,通

过使用减淡工具将其复原。 （　　）

5.在使用污点修复画笔工具时,应先按住 Alt 键单击以定义源图像。 （　　）

四、实践操作题

1.打开素材图"skin.jpg"修饰人物肤色,消除脸上皮肤的污点、瑕疵等,调整皮肤的光感,如图 4-50 所示。

素材图　　　　　　　　　　　　　效果图

图 4-50

2.修复残破老照片,素材"oldphoto.jpg"如图 4-51 所示。

修复前　　　　　　　　　　　　　修复后

图 4-51

提示:

1.使用修复和修补工具,对背景折痕和污点进行修复。

2.对称复制脸部,使用图章工具修补折痕和头像残缺部分。

3.将照片调整,翻新和净化处理。

第 5 章　调整图像色彩

5.1　常用的颜色模式

颜色模式是对颜色的一种解释,每一种颜色模式都是针对某一种介质而言的,通过前面的学习,我们知道光色与视觉之间是相互影响、相互统一的,那么针对光、色、视觉就有不同的颜色模式理论,其中 RGB 模式就是光色模式、CMYK 模式是印刷模式、HSB 模式是基于视觉的模式。

5.1.1　RGB 模式

RGB 模式是基于光色的一种颜色模式,所有发光体都是基于该模式工作的,例如电视机、电脑显示器、幻灯片等都是基于 RGB 模式来还原自然界的色彩的。

在该模式下,R 代表 Red(红色),G 代表 Green(绿色),B 代表 Blue(蓝色),这三种颜色就是光的三原色。每一种颜色都有 256 个亮度级别,所以三种颜色通过不同比例叠加就能形成约 1680 万种颜色(俗称"真彩色"),几乎可以得到大自然所有的色彩。

通俗地理解 RGB 模式,可以把它想象成红、绿、蓝三盏灯。当它们的光相互叠加的时候,就会产生不同的色彩,并且每盏灯有 256 个亮度级别。当值为 0 时表示"灯"全部关掉;当值为 255 时表示"灯"全部最亮。

5.1.2　CMYK 模式

CMYK 模式是针对印刷的一种颜色模式。印刷需要油墨,所以 CMYK 模式对应的媒介是油墨(颜料)。在印刷时,通过洋红(Magenta)、黄色(Yellow)、青色(Cyan)三原色油墨进行不同配比的混合,可以产生非常丰富的颜色信息,使用从 0 ~ 100% 的浓淡来控制。从理论上来说,只需要 CMY 3 种油墨就够了,它们 3 个 100% 地混合在一起就应该得到黑色但是由于目前制造工艺还不能造出高纯度的油墨,所以 CMY 混合后的结果实际是一种暗红色。因此,为了满足印刷的需要,单独生产了一种专门的油墨(Black),这就构成了 CMYK 印刷 4 分色。

5.1.3　HSB 模式

前面介绍过的颜色三属性,即颜色具有色相、饱和度、明度 3 个基本属性,这实际上就是 HSB 模式。这是一种从视觉的角度定义的颜色模式。基于人类对色彩的感觉,HSB 模型描述了颜色的三个特性。

色相 H(Hue):即颜色的名称,在 0 ~ 360°的标准色轮上,色相是按照位置度量的。

饱和度 S(Saturation):指颜色的纯度或鲜浊度。表示色相中彩色成分所占的比例,是以 0~100% 来度量的。

亮度(Brightness):指颜色的相对明暗程度,通常是以 0~100% 来度量的。

5.1.4 Lab 模式

Lab 模式是由国际照明委员会(CIE)于 1976 年公布的一种颜色模式。RGB 模式是一种基于发光体的加色模式,CMYK 模式是一种基于油墨反光的减色模式。而 Lab 模式既不依赖光线,也不依赖于油墨,它是 CIE 组织确定的一个理论上包括了人眼可以看见的所有色彩的颜色模式。Lab 模式弥补了 RGB 和 CMYK 两种颜色的不足。

5.2　常用的色彩调整命令

执行菜单栏中的"文件/打开"命令(或者按下 Ctrl+O 快捷键),任意打开幅图像,然后执行菜单栏中的"图像/调整"命令,可以看到打开的子菜单,这里是 Photoshop 提供的几乎所有的调整命令,如图 5-1 所示。从不同的角度出发,Photoshop 的调整命令可以划分为不同的类别。从功能上可以分为影调调整命令、色调调整命令与特殊调整命令。

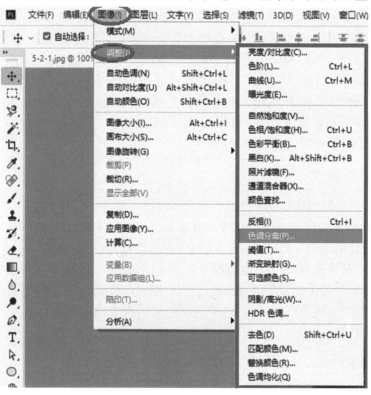

图 5-1　"图像"—"调整"子菜单

(1)影调调整命令。在调整命令中,有一些命令并不改变图像的色彩,而是用于调整图像的高光、阴影、亮度/对比度等属性,这些命令均为影调调整命令,如"亮度/对比度""曝光度""阴影/高光""HDR 色调""色阶"等。

（2）色调调整命令。色调调整命令是指用于改变图像颜色的命令,如"色彩平衡""可选颜色""色相/饱和度""通道混合器""曲线""照片滤镜""匹配颜色"等,它们都可以改变图像的原来色彩,但是工作原理是不同的。

（3）特殊调整命令。特殊调整命令是指可以得到特殊图像效果的调整命令,如"反相""阈值""色调分离""色调均化"等,它们可以将图像转换为负片效果,简化为黑白图像,使图像产生色调分离或平均化图像的色调。

在使用 Photoshop 的调整命令时,主要有两种使用方式:第一种是直接使用"图像"菜单中的命令来处理图像;第二种是使用调整图层来应用这些调整命令,但是使用调整图层时,有一些调整命令是不能使用的。另外,运用调整图层可以不破坏原图像就完成色彩的调整。

5.2.1　亮度/对比度命令

亮度/对比度命令是 Photoshop 中最简单的一个调整命令,使用方法与电视机上的"亮度/对比度"按钮一样,直接拖动滑块就可以看到效果,它可以调整照片影调的反差,但是它对图像中所有像素进行相同程度的调整,容易导致图像细节的损失,所以使用该命令时要防止过度调整。打开图像以后,执行菜单栏中的"图像"—"调整"—"亮度"—"对比度"命令,则弹出"亮度/对比度"对话框,如图 5-2 所示,各项参数的主要作用如下:

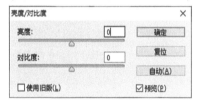

图 5-2　"亮度/对比度"对话框

亮度:图像整体的提亮或减暗。

对比度:使图像所有像素的 RGB 三个颜色的数值远离或者靠近。增大对比度之后,像素 RGB 三种颜色的数值差距拉大了,但同时图像整体偏亮了;反之亦然。

【案例 5-1】　调整照片的明暗层次。

1. 任务目标及效果说明

"亮度/对比度"命令的优点是界面直观,操作简便;缺点是对图像整体进行等比例调整,比如提高暗部亮度时,亮部也跟着变亮,容易丢失细节。使用该命令要注意:提高照片亮度,对比度会随之变小,为了保证照片的层次感,通常在调整亮度的同时也要调整对比度。下面通过实例操作学习该命令的使用,调整前、后效果见图 5-3、图 5-4。

2. 操作步骤

（1）打开"素材"图像文件。下面对这幅照片的明暗程度与颜色对比度进行调整。

（2）按下 F7 键打开图层面板。

（3）在图层面板中单击"创建新的或调整图层"按钮,在弹出的菜单中选择"亮度/对比度"命令,如图 5-5 所示。

（4）这时在图层面板中创建了一个调整图层,同时弹出属性面板。

（5）在属性面板中设置亮度为 10,对比度为 54,加强照片的对比度,可以看到照片整体影调提高,颜色更艳丽了,如图 5-6 所示。

图 5-3　调整前　　　　　　　　　　　　　　图 5-4　调整后

图 5-5　选择"亮度/对比度"

图 5-6　"亮度/对比度"应用效果

5.2.2 自然饱和度

自然饱和度对照片中最不鲜艳的颜色提升最多,对已经鲜艳的颜色影响较小;而饱和度则影响照片的整体颜色。打开图像以后,执行菜单栏中的"图像"—"调整"—"自然饱和度"命令,则弹出"自然饱和度"对话框,如图 5-7 所示,各项参数的主要作用如下:

自然饱和度:主要针对图像中饱和度过低的区域增强饱和度。

饱和度:调整图像色彩的饱和度。

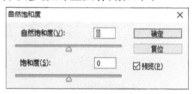

图 5-7 "自然饱和度"对话框

【案例 5-2】 提升照片的颜色。

1. 任务目标及效果说明

一张照片的饱和度越高,画面的"攻击性"就越强,就越能引起人的注意,但是过高的饱和度有时候会让人产生反感情绪,反之过低的饱和度有时候会让画面产生不通透感。"自然饱和度"工具相当于"智能"饱和度工具,它可以控制画面的饱和度程度,不会让画面过于饱和。因此,在进行后期调整的时候,特别是调整风光类照片的时候,可以更多的采用自然饱和度工具去调整画面的色彩,这样不容易出现过度饱和的问题。下面使用"自然饱和度"来调整照片,调整前、后效果见图 5-8、图 5-9。

图 5-8 调整前

图 5-9 调整后

2. 操作步骤

(1)打开案例一完成的作品图。

(2)按下 F7 键打开图层面板。

(3)在图层面板中单击"创建新的或调整图层"按钮,在弹出的菜单中"自然饱和度"命令。

(4)在"属性"面板中设置"自然饱和度"为 70,"饱和度"为 0,再适当提高颜色的饱和度,如图 5-10 所示。

图 5-10　"自然饱和度"应用效果

5.2.3　色阶命令

色阶是一个非常重要的调整命令,使用频率相当高。色阶指的图像的亮度,与照片上的颜色无关,表现了图像的明暗关系。可以在"调整"面板中使用"色阶"命令,也可以使用 Ctrl + L 快捷键打开"色阶"对话框。要使用好"色阶"命令,必须正确理解直方图,即色阶对话框中的峰形图,它反映了一幅图像中像素的明暗分布情况,下面结合图 5-11 介绍色阶命令的基本使用方法。

图 5-11　"色阶"对话框

输入色阶:三个文本框分别对应输入色阶的黑色、灰色与白色滑块,它们决定着图像中最暗、中间调、最亮的像素分布。

输出色阶:用于设置阴影和高光的色阶,影响图像的对比度。调整滑块时,则该点的像素转换为灰色,降低对比度。

通道:Photoshop 允许单独调整某个颜色通道,如果要调整整幅照片,可以选择复合通道(RGB 或 CMYK)。

【案例 5-3】　火烧云照片调整。

1. 任务目标及效果说明

图 5-12 是一张火烧云照片,景象壮观,但是美中不足的是照片整体偏灰,色彩对比也不够强烈。下面使用"色阶"命令对照片进行后期处理(调整后照片见图 5-13),练习使用"色阶"命令调整颜色。

图 5-12　调整前

图 5-13　调整后

2. 操作步骤

（1）打开素材文件夹的火烧云照片,颜色偏灰,下面使用色阶命令进行矫正。

（2）在"图层"面板中单击"创建新的填充或调整图层"按钮,在弹出的菜单中选择"色阶"命令,如图 5-14 所示。

图 5-14　选择"色阶"命令

（3）这时将创建一个色阶调整图层,并同时打开"属性"面板,如图 5-15 所示。

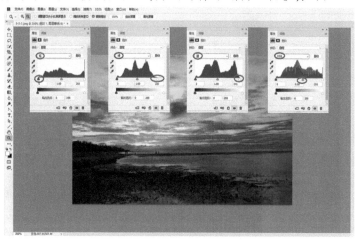

图 5-15　"属性"面板

(4)在"属性"面板中选择"红"通道,然后将黑色滑块略向右调整,;再将白色滑块向左调整,对齐到直方图的右侧。

(5)再选择"绿"通道,分别调整黑色滑块和白色滑块,将它们对齐到直方图的两侧。

(6)再选择"蓝"通道,用同样的方法,将黑色滑块和白色滑块也对齐到直方图的两侧。

(7)在"属性"面板中选择"RGB 通道"。

(8)在直方图下侧分别调整黑色滑块和灰色滑块的位置,使照片偏暗一些,完成照片的调整。

5.2.4 曲线命令

默认情况下,对图像未做任何调整之前,"曲线"对话框中的曲线形状是一条对角线,添加了控制点以后,如果是 RGB 模式的图像,向上拖动曲线将加亮图像;向下拖动曲线将加暗图像;CMYK 模式的图像恰恰相反。使用"曲线"命令时,有几种比较典型的曲线形态。

(1)S 型,增加照片的对比度。在照片的后期处理过程中,使用 S 型曲线的情况比较多,这时照片的高光区域变亮,阴影区域变暗,从而使照片的对比度提高,如图 5-16 所示。

(2)反 S 型,降低照片的对比度。照片的高光区域变暗,阴影区域变亮,从而使照片的对比度降低,如图 5-17 所示。

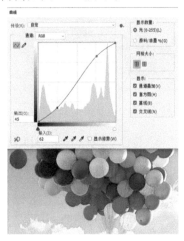

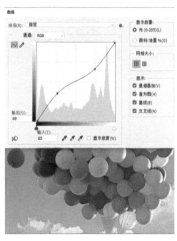

图 5-16　S 型曲线应用效果　　　　　图 5-17　反 S 型曲线应用效果

(3)反 Z 型,重定照片的黑场与白场,增强对比度。在照片的后期处理过程中,反 Z 型曲线主要用于校正灰蒙蒙的照片,在这一点上,其作用与"色阶"命令相同,如图 5-18 所示。

(4)转 Z 型,重定照片的黑场与白场,降低对比度。转 Z 型曲线多用于改变照片的色调,例如选择"蓝"通道以后,采用转 Z 型曲线,可以使照片的高光偏黄,阴影偏蓝,如图 5-19 所示。

(5)其他型。阴影控制点调到最高点,高光控制点调到最低点,照片将反相,如

图 5-20 所示；阴影、高光控制点在一条垂直线上，则照片色调分离，如图 5-21 所示。这两种曲线形态在处理照片时很少使用，除非要制作特殊效果。

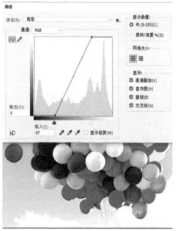

图 5-18　反 Z 型曲线应用效果

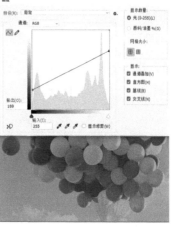

图 5-19　转 Z 型曲线应用效果

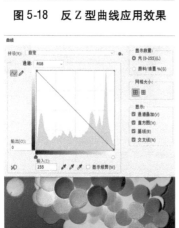

图 5-20　照片反相

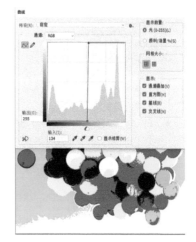

图 5-21　照片色调分离

【案例 5-4】　利用"曲线"加强对比度。

1. 任务目标及效果说明

图 5-22 是一张花朵照片，景象唯美，但是美中不足的是照片色彩对比不够强烈。下面使用"曲线"命令对照片进行后期处理，让照片颜色对比度更加强烈，更加凸显花朵的美丽（见图 5-23），下面练习使用"曲线"命令来加强照片的对比度。

2. 操作步骤

（1）打开素材文件夹的"图 5-2-4"图像文件。

（2）按下 F7 键打开"图层"面板。

（3）在"图层"面板中单击"创建新的填充或调整图层"按钮，在弹出的菜单中选择"曲线"命令，如图 5-24 所示。

图 5-22　调整前

图 5-23　调整后

图 5-24　选择"曲线"命令

（4）这时在"图层"面板中将创建一个曲线调整图层。

（5）在"属性"面板中向左移动高光控制点，向右移动阴影控制点，重定照片的黑白场。该操作与使用"色阶"命令一样，如图 5-25 所示。

（6）在曲线的上方单击鼠标左键添加一个控制点，然后向上拖动控制点，使照片高光区域变亮。

（7）在曲线的下方单击鼠标左键添加一个控制点，然后向下拖动控制点，使照片暗调区域变暗，如图 5-26 所示。

（7）选择工具箱中的"魔棒工具"在工具选项栏中设置合适的参数。

（8）在背景处单击鼠标左键，建立选区，如图 5-27 所示。

（9）在"图层"面板中再次执行"曲线"命令。

（10）在"属性"面板中向下调整曲线，将背景压暗一些，如图 5-28 所示。

（11）在"属性"面板中单击"蒙版"按钮，设置"羽化"为 1.2 像素，消除明显的调色边界，如图 5-29 所示。

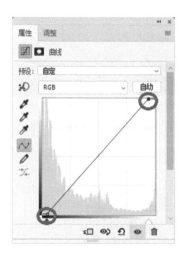

图 5-25　重定照片黑白场

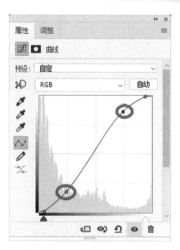

图 5-26　调整照片暗调域

图 5-27　建立选区

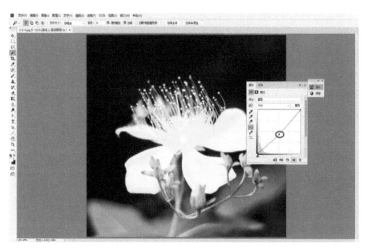

图 5-28　调整曲线将背景压暗

图 5-29 消除明显调色边界

5.2.5 色相/饱和度命令

"色相/饱和度"命令在照片的后期处理中
使用较多,它可以增加或降低整幅照片的饱和
度、亮度,改变照片的颜色,并且可以调整单个
颜色成分的色相、饱和度和亮度,是一个功能非
常强大的调色工具。打开图像以后,执行菜单
栏中的"图像"—"调整"—"色相"—"饱和度"
命令,则弹出"色相/饱和度"对话框,如图 5-30
所示,各项参数的主要作用如下:

图 5-30 "色相/饱和度"对话框

预设:用于选择系统提供的几种调色方案。

编辑选项:用于选择要编辑的颜色,可以选
择红、绿、蓝、青、洋红、黄 6 种基本颜色,也可以
选择"全图"。当选择"全图"时,将对图像进行整体处理。

色相:拖动滑块,可以将当前颜色转换成另一种颜色。

饱和度:用于调整照片颜色的鲜浊度。

明度:用于增加或降低照片的亮度。

着色:选择该选项,可以将照片转换成单色调照片。

【案例 5-5】 轻松更换照片颜色。

1. 任务目标及效果说明

"色相/饱和度"命令包含了两个主要功能:一是改变照片中特定颜色的色相与饱和
度;二是利用"着色"功能创建单一色调的效果。该命令在照片调色中使用较多。下面将
图 5-31 中的杯子换成一样的颜色(见图 5-32)。这项工作看起来挺复杂,实际上很简单。

图 5-31　调整前　　　　　　　　　图 5-32　调整后

2. 操作步骤

(1)打开素材文件夹中的"图 5-2-5"图像文件。

(2)按下 F7 键打开图层面板。

(3)执行菜单中"图像"—"调整"—"色相"—"饱和度"命令(或者按下 Ctrl + U 快捷键),打开"色相/饱和度"对话框,如图 5-33 所示。

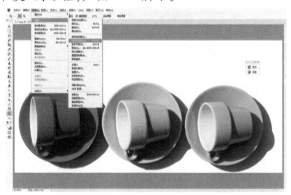

图 5-33　"色相/饱和度"对话框

(4)在"编辑"下拉列表中选择"全图"。

(5)分别拖动"色相""饱和度""明度"选项的滑块,则统一调整图像的色相、饱和度、明度。

(6)在"编辑"下拉列表中可以选择六种基本色,在该图片中选择"红色"。

(7)拖动色相滑块,此时只调整图像中的"红色"的色相、饱和度、明度,调整后可以看到右下角的红色茶具发生了明显的变化,如图 5-34 所示。

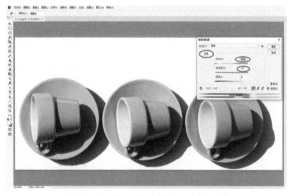

图 5-34　调整图像中的"红色"后效果

(8)同样的方法调整"黄色"选项,如图5-35所示。

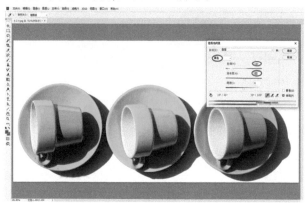

图5-35　调整图像中的"黄色"后效果

(9)在"色相/饱和度"对话框中勾选"着色"选项,则图像变为单色调效果,如图5-36所示。

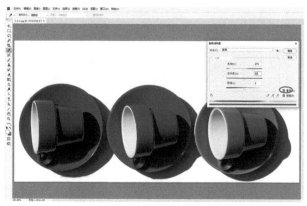

图5-36　"着色"选项应用效果

(10)拖动滑块可以改变颜色。(创建单色调照片的一种思路)

5.2.6　色彩平衡命令

"色彩平衡"命令在照片处理中应用比较频繁,在调色时基本都会使用该命令,从"色彩平衡"对话框中的参数可以看出,它是基于互补色之间的相互补偿来完成颜色调整的。在HSB颜色轮(见图5-37)中,相对的颜色称为互补色。红色与青色是互补色,黄色与蓝色是互补色,绿色与洋红色是互补色。

执行菜单栏中的"图像"—"调整"—"色彩平衡"命令,则弹出"色彩平衡"对话框,如图5-38所示,其中的各项参数作用如下:

色阶:取值范围均为 −100 ~ +100,三个选项分别代表三个滑块的值。正数为增加红色、绿色及蓝色;负数为增加青色、洋红及黄色。

阴影、中间调、高光:用于在较暗区域、中间调区域和较亮区域分别进行色彩平衡调整,如图 5-39 所示。

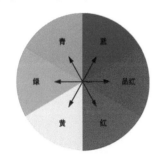

图 5-37　HSB 颜色轮

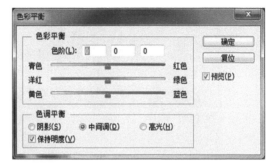

图 5-38　"色彩平衡"对话框

图 5-39　阴影、中间调、高光应用效果

保持明度:选择该选项,可以防止照片的亮度随着颜色的更改而改变。

【案例 5-6】　照片调整非主流效果。

1. 任务目标及效果说明

色彩平衡命令通过调整图像中颜色的混合比例来校正图像的色偏现象,它只能对图像进行一般化的色彩校正,其调色原理是基于互补色进行的。下面使用该命令将图像分为高光、中间调、阴影三个区域,然后分别对它们进行调整,将照片调出非主流效果,调整前、后效果见图 5-40、图 5-41。

2. 操作步骤

(1)打开素材文件夹中的"图 5-2-6"图像文件。

(2)按下 Alt + Ctrl + 2 快捷键,选择照片中的高光部分。

(3)按下 Shift + Ctrl + I 快捷键,反选选区,选择照片中的暗部,如图 5-42 所示。

图 5-40　调整前　　　　　　图 5-41　调整后　　　　　　图 5-42　选择照片中的暗部

(4)在图层面板中单击"创建新的填充或调整图层"按钮,在弹出的菜单中"选择色彩平衡"命令,如图 5-43 所示。

图 5-43　选择"色彩平衡"命令

（5）打开属性面板。

（6）在属性面板的色调下拉菜单中选择阴影选项，如图 5-44 所示。

（7）分别调整青色—红色、洋红色—绿色、黄色—蓝色滑块，使照片暗部偏冷调。

（8）在色调下拉列表中选择"中间调"选项。

（9）设置各项参数，如图 5-45 所示。

（10）在色调下拉列表中选择高光选项。

（11）适当设置各项参数，如图 5-46 所示。

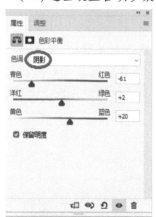 

图 5-44　色调调整—阴影　　　图 5-45　色调调整—中间调　　　图 5-46　色调调整—高光

（12）按住 Ctrl 键单击"色彩平衡"调整图层缩览图，重新载入选区。

（13）再按下 Shift + Ctrl + I 快捷键，反选选区，选择照片中的高光部分，如图 5-47 所示。

（14）在图层面板中再次执行色彩平衡命令。

（15）在属性面板中调整中间调参数，如图 5-48 所示。

（16）在色调下拉列表中选择阴影选项。

（17）适当设置各项参数，如图 5-49 所示。

图 5-47　选择照片中的高光部分　　图 5-48　调整中间调参数　　图 5-49　调整阴影参数

（18）按下 Ctrl + Shift + Alt + E 快捷键盖印图层，得到一个新的图层"图层 1"，如图 5-50 所示。

（19）执行菜单栏中的"滤镜"—"锐化"—"USM 锐化"命令，在弹出的"USM 锐化"对话框中设置参数，如图 5-50 所示。

图 5-50　"USM 锐化"对话框

（20）单击"确定"按钮，完成最终效果。

5.2.7　黑白命令

"黑白"命令最大的优势是制作黑白照片，而且基本可以实现一键完成。使用该命令将彩色照片转换为黑白照片时，允许调整红、绿蓝、青、洋红、黄六种基本色，从而控制黑白照片的层次。打开照片以后，执行菜单栏中的"图像"—"调整"—"黑白"命令，则弹出"黑白"对话框，如图 5-51 所示，各项参数的作用如下：

预设：Photoshop 中的预设黑白转换。

颜色滑块：改变相应颜色区域的灰度值。

色调：为转化后的灰度图像着色。

色相、饱和度：调整着色的色相与饱和度。

【**案例 5-7**】 制作高品质黑白照片。

图 5-51 "黑白"对话框

1. 任务目标及效果说明

彩色摄影作品可以赋予照片更多色彩上的活力,但有时会有损于预期的拍摄效果,所以黑白摄影以独特的魅力吸引着部分摄影爱好者,它以简单的黑、白、灰三种颜色展现细腻的明暗过渡与层次感。因此,Photoshop 的"黑白"命令专门用于处理黑白照片,它可以单独编辑不同的颜色范围,进一步控制黑白照片的层次,从而制作出高品质的黑白照片。调整前、后效果对比见图 5-52、图 5-53。

图 5-52 调整前

图 5-53 调整后

2. 操作步骤

(1)打开"素材"图像文件。

(2)在"图层"面板中单击"创建新的填充或调整图层"按钮,在弹出的菜单中选择"黑白"命令,如图 5-54 所示。

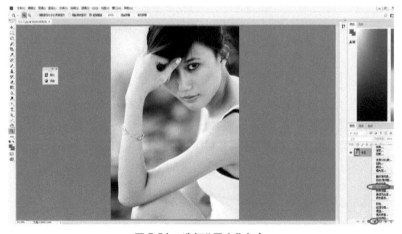

图 5-54 选择"黑白"命令

（3）在"属性"面板中单击"自动"按钮，如图 5-55 所示。

（4）这时将按系统预设的模式调整照片的明暗，从而得到黑白照片，但有时效果并不一定理想。

（5）根据自己对照片的要求，在"属性"面板中适当调整各颜色值（对于人物肖像照片来说，主要调整红色、黄色两种颜色，因为肤色中主要是这两种颜色），控制照片的明暗变化，如图 5-56 所示。

图 5-55　"属性"—自动

图 5-56　调整各颜色值

（6）观察图像窗口，直到得到满意的黑白效果为止。

（7）按 Alt + Shift + Ctrl + E 快捷键盖印图层，得到"图层 1"，如图 5-57 所示。

（8）设置"图层 1"的混合模式为"滤色"，"不透明度"为 50%，适当将照片提亮一点，从而调出高品质的照片，如图 5-57 所示。

图 5-57　调整照片参数

5.2.8　照片滤镜命令

"照片滤镜"命令是 Photoshop CC 2017 为了迎合数码照片的后期处理而增加的，使用起来也很方便。打开照片以后，执行菜单栏中的"图像"—"调整"—"照片滤镜"命令，则弹出"照片滤镜"对话框，如图 5-58 所示，各项参数的作用如下：

滤镜:用于选择系统预设的色温补偿滤镜。

颜色:用于自定义滤镜的颜色。

浓度:用于调整应用于照片的颜色数量,值越大,颜色影响越明显。

保留明度:选择该项,可以确保照片亮度不变。

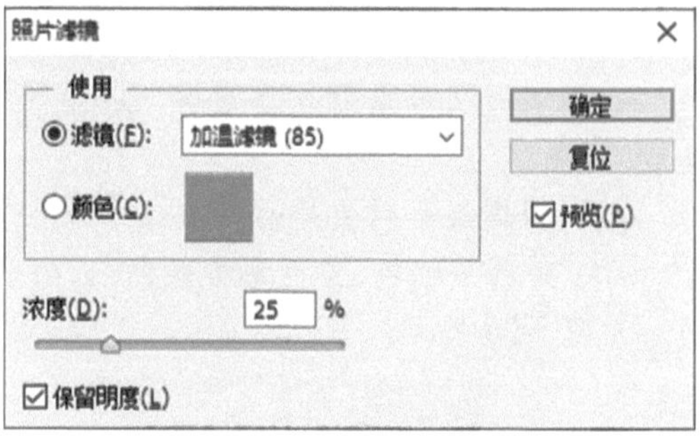

【案例5-8】 快速改变照片的色调。

图 5-58 "照片滤镜"对话框

1. 任务目标及效果说明

"照片滤镜"命令是一个简单易用的调色命令,它模仿在传统相机镜头前放置一个滤色片,从而达到调整照片色彩的目的,它可以整体改变照片的色调。用户既可以在预设的颜色中选择一种来调整照片,也可以通过拾色器自行指定颜色。拍照时为了得到不同的色彩效果,有时会在镜头前加一个色温补偿滤镜,用于调整进入镜头的光线,以满足照片对光线色温的要求。例如,用一枚淡黄滤光镜拍摄最平常的日落现象,会产生极其壮观的效果。下面使用"照片滤镜"快速改变照片的色调,调整前、后对比见图5-59、图5-60。

图 5-59 调整前

图 5-60 调整后

2. 操作步骤

(1)打开素材文件夹中的图像文件。

(2)按下 F7 键打开图层面板。

(3)在图层面板中单击"创建新的填充或调整图层"按钮,在弹出的菜单中选择"照片滤镜"命令,如图 5-61 所示。

(4)在属性面板的滤镜下拉列表中选择"橙"滤镜。

(5)设置浓度为60%,则照片出现橙色的暖调,如图5-62所示。

(6)在图层面板中设置照片滤镜调整图层的混合模式为"正片叠底"。

图 5-61　选择"照片滤镜"命令

图 5-62　"橙"滤镜应用效果

（7）设置不透明度为 40%，适当减弱一下效果，使色调自然一些，完成最终效果，如图 5-63 所示。

图 5-63　"照片滤镜"应用效果

5.2.9　去色、反相命令

Photoshop 中，"去色""反相"命令可以快速调整图像，执行该命令后，立刻得到调整后的图像效果，一切都是由电脑完成的，不能人工干预，所以这类命令的优势是简单快速，劣势是只能进行粗略的调整。其中，"去色"命令可以使图像的饱和度变为最低，相当于执行"色相/饱和度"命令后，将饱和度的值设置为 −100，呈现灰度效果；"反相"命令可以使图像颜色反转为其补色。

"去色"/"反相"相关操作：

可以使用菜单栏"图像"—"调整"—"去色"/"图像"—"调整"—"反相"，也可以使用快捷键"Ctrl + Shift + U"/"Ctrl + I"。

【案例 5-9】　快速调整图像。

1. 任务目标及效果说明

对于不太熟悉 Photoshop 调整命令的用户来说，使用自动调整命令可以快速完成图像色彩的调整,但是这种方式只适合粗略地处理图像的色彩。下面使用"去色""反相"命令快速调整图像。

2. 操作步骤

(1)打开素材文件夹中的"图5-2-9"图像文件。

(2)执行"去色"命令:执行菜单栏中的"图像"—"调整"—"去色"命令,如图5-64所示。

图5-64　执行"去色"命令

(3)观察图像,可以看到图像的颜色消失,变成类似灰度图的效果,但图像的颜色模式并不发生变化。

(4)执行"反相"命令:按下 Ctrl + Z 快捷键,撤销上一步操作。

(5)执行菜单栏中的"图像"—"调整"—"反相"命令。

(6)观察图像,可以看到图像变成彩色负片效果,如图5-65所示。

图5-65　"反相"命令应用效果

(7)再次执行菜单栏中的"图像"—"调整"—"反相"命令,则图像恢复为正常效果。

5.2.10　曝光度命令

Photoshop 中的"曝光度"命令主要用于调整数码照片的影调,它的原理是模拟数码相机内部的曝光程序对照片进行二次曝光处理,一般用于调整相机拍摄的曝光不足或者曝光过度的照片。Adobe 设计该命令的目的是调整高动态 HDR 图像的曝光度。

"曝光度"命令主要是针对高动态 HDR 图像的调整而设计的,也可以用于普通图像的调整。在 Photoshop 中打开一幅图像后,执行菜单栏中的"图像"—"调整"—"曝光度"命令,可以打开"曝光度"对话框,如图 5-66 所示,各项参数的作用如下:

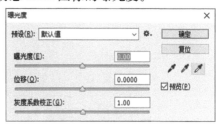

图 5-66　"曝光度"对话框

预设:用于选择系统预设的曝光参数。

曝光度:用于调整照片中的高光区域,正值增加照片的曝光度,负值降低照片的曝光度。

位移:用于调整照片的阴影区域,对高光区域影响较小;向右拖动滑块,照片的阴影变亮。

灰度系数校正:用于调整照片的中间调,对阴影和高光区域影响较小;向左拖动滑块,中间调变亮;向右拖动滑块,中间调变暗。

【案例 5-10】　修正曝光不足照片。

1. 任务目标及效果说明

在拍摄照片时,曝光不足导致照片偏暗,曝光过度导致照片偏白,对于这样的问题在 Photoshop 中可以用多种方法解决,但是"曝光度"命令更适合摄影者使用,因为它完全模拟相机的曝光原理,直接控制曝光度即可改善照片的影调,并且不影响照片的颜色。使用该命令调整图像的影调时,不要将参数设置得过大,可以先设置得小些,再进行多次调整,这样调整出来的效果更精确。下面使用该命令对照片的曝光进行校正,使照片的影调更加自然,照片调整前、后见图 5-67、图 5-68。

图 5-67　调整前

图 5-68　调整后

2. 操作步骤

（1）打开"素材"文件夹中的"图5-2-10"图像文件,这张照片曝光不足,导致阴影区域明显偏暗。

（2）在"图层"面板中单击"创建新的填充或调整图层"按钮,在弹出的菜单中选择"曝光度"命令,如图5-69所示。

图5-69 选择"曝光度"命令

（3）在"属性"面板中设置"曝光度"为1.38,位移为0.0180,"灰度系数校正"为0.96,如图5-70所示。

（4）观察照片,可以发现照片整体提亮了,曝光趋于正常。

（5）在"图层"面板中执行"曲线"命令。在"属性"面板中向上调整曲线,使偏暗的照片亮起来,如图5-71所示。

图5-70 参数设置　　　　　图5-71 "曲线"命令应用效果

5.2.11 渐变映射命令

Photoshop中的"渐变映射"命令可以将相等的灰度范围映射上指定的渐变填充色,比如指定双色渐变,则渐变色左侧的颜色映射图像的阴影区,右侧的颜色映射图像的高光区,而中间的颜色映射图像的中间调。使用渐变映射命令可以应用渐变色重新调整图像颜色。在 Photoshop 中打开一幅图像后,执行菜单栏中的"图像"—"调整"—"渐变映射"命令,可以打开"渐变映射"对话框,如图 5-72 所示,各项参数的作用如下:

图 5-72　"渐变映射"对话框

渐变填充:单击"调整"面板中的渐变填充,修改现有的渐变填充,或者使用"渐变编辑器"创建渐变填充。

仿色:添加随机杂色以平滑渐变填充的外观减少带宽效应。

反向:切换渐变填充的方向,从而反向渐变映射。

【案例 5-11】　调出金黄色调。

1. 任务目标及效果说明

金黄色给人一种温暖的感觉,而调出这种颜色的方法不一而足,其中借助"渐变映射"命令比较方便,只要控制好渐变色的颜色,就可以很容易地实现这种效果。下面我们利用"渐变映射"命令将一幅照片调出金黄色的色调,调整前、后对比见图 5-73、图 5-74。

图 5-73　调整前

图 5-74　调整后

2. 操作步骤

(1)打开素材文件夹中的"图 5-2-11"图像文件。

(2)双击工具箱中的缩放工具将图像以 100% 比例显示。

(3)在图层面板中单击"创建新的填充或调整图层"按钮,在弹出的菜单中选择"渐变映射"命令,则在图层面板中自动创建了一个渐变映射调整图层,如图 5-75 所示。

(4)在属性面板中选择"蓝 红 黄"渐变。

(5)在属性面板中单击渐变预览条,则弹出"渐变编辑器"对话框。

(6)双击左侧色标,在弹出的"拾色器"对话框中重新设置色标为蓝黑色(RGB:31.0.130)。

(7)单击"确定"按钮,如图 5-76 所示。

(8)用同样的方法,设置中间色标为红色(RGB:130.0.0),如图 5-77 所示;右侧色标

图 5-75 选择"渐变映射"命令

图 5-76 左侧色标设置为蓝黑色

为黄色(RGB:255.240.0),如图 5-78 所示。

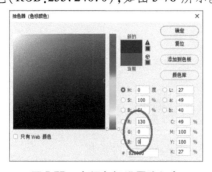 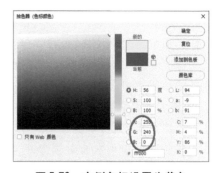

图 5-77 中间色标设置为红色 图 5-78 右侧色标设置为黄色

(9)单击"确定"按钮。

(10)在图层面板中设置渐变映射调整图层的混合模式为"变暗"。

（11）设置不透明度为 45%，减弱一下效果，如图 5-79 所示。

图 5-79 不透明度设置为 45% 效果

（12）在图层面板中执行"曲线"命令。

（13）在属性面板中向上调整曲线，将照片提亮，完成最终效果，如图 5-80 所示。

图 5-80 "渐变映射"命令应用效果

5.2.12 可选颜色命令

"可选颜色"命令可以基于印刷的原理进行调色，通过调整 CMYK 四种基本颜色来控制照片中的颜色，当照片颜色不够鲜艳时，可以使用该命令进行调整。在使用该命令时，选择青色、洋红、黄色时相对容易理解，也容易调整；而选择红色、绿色、蓝色时，则需要正确理解 RGB 模式与 CMYK 模式之间的关系，才能有效地、有目的地调整各选项。

其中最根本的是：两个加色相加得一个减色，两个减色相加得一个加色。例如：在"颜色"选项中选择"红色"，这时加青色变黑色，因为它们是互补色，相互吸收；而减洋红会变黄色，因为红色＝洋红＋黄色，减洋红自然会使黄色相对变多；加洋红则无变化。对

于黄色的调整,同样是这个道理。"可选颜色"对话框中的
参数比较简单,但是正确理解非常重要。在 Photoshop 中打
开一幅图像后,执行菜单栏中的"图像"—"调整"—"可选
颜色"命令,可以打开"可选颜色"对话框,如图 5-81 所示,
各项参数的作用如下:

图 5-81 "可选颜色"对话框

颜色:用于选择要调整的颜色,共有 9 种基本色,分别
是红、绿、蓝、青、洋红、黄、黑、白、灰。其中,前 6 种控制图
像的颜色变化,后 3 种可以控制图像的亮度、对比度以及整
体色彩倾向。

青色、洋红、黄色、黑色:根据 CMYK 原理,通过调整基本色的百分比,控制所选颜色
的变化。

方法:这里是两种计算百分比的方法,一种是"相对",一种是"绝对"。使用"相对"
调色时变化小一些,使用"绝对"调色时变化大一些。

【案例 5-12】 使人物的皮肤更通透。

1. 任务目标及效果说明

在 Photoshop 中,"可选颜色"命令是唯一基于 CMYK 模式进行调色的调整命令,这是
一个非常实用的调色命令。对于人像摄影作品来说,大家都希望将人物的皮肤处理得更
通透一些,除了要"磨皮"以外,调整"可选颜色"也是非常重要的一步,使用"可选颜色"
命令调整照片前、后对比见图 5-82、图 5-83。

图 5-82 调整前

图 5-83 调整后

2. 操作步骤

(1)打开素材文件夹中的"图 5-2-12"图像文件。

(2)在图层面板中单击"创建新的填充和调整图层"按钮,在弹出菜单中选择"可选颜
色"命令,如图 5-84 所示。

(3)这时在图层面板中自动创建了一个选取颜色调整图层。

(4)在属性面板的颜色下拉列表中选择"红色"选项,并设置各项参数,如图 5-85

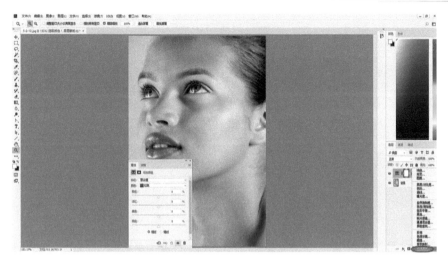

图 5-84　选择"可选颜色"命令

所示。

（5）在属性面板的颜色下拉列表中选择"黄色"选项，并设置各项参数，如图 5-86 所示。

图 5-85　设置"红色"选项各参数

图 5-86　设置"黄色"选项各参数

（6）在属性面板的颜色下拉列表中选择"黑色"选项，如图 5-87 所示。

（7）分别调整"黑色"选项的青色、黄色、黑色滑块，使照片的暗调区略偏蓝，与肤色形成对比。

（8）选择工具箱中的"磁性套索工具"，沿着人物的唇线依次单击鼠标左键，将其选择。

（9）在图层面板中执行"色相"—"饱和度"命令，如图 5-88 所示。

（10）在属性面板中设置各项参数，提高唇部的饱和度。

（11）按下"Alt + Shift + Ctrl + E"快捷键盖印图层，得到"图层 1"。

（12）在图层面板中设置"图层 1"的混合模式为"柔光"，不透明度为 46%，适当加强一下对比度，完成最终效果，如图 5-89 所示。

图 5-87　设置"黑色"选项各参数

图 5-88　"色相"—"饱和度"命令

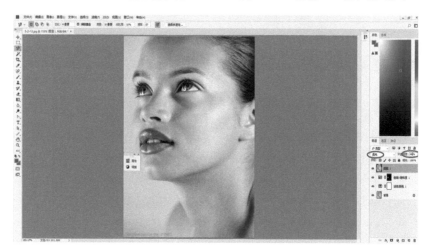

图 5-89　"可选颜色"命令应用效果

5.2.13　阴影/高光命令

　　"阴影/高光"命令适用于校正因逆光太强而引起的图像主体过暗,或者闪光灯过强造成曝光过度的图像。与"亮度/对比度"命令不同,"阴影/高光"命令不是为图像的整体提亮或降低亮度,它只是根据周围的像素调整阴影与高光区,以矫正图像的缺陷,"阴影/高光"命令只能通过"图像"菜单进行选择,不能在"图层"面板中创建调整图层。

　　"阴影/高光"命令可以将图像的阴影调高或将高光调暗。打开一幅图像后,执行菜单栏中的"图像"—"调整"—"阴影"—"高光"命令可以打开"阴影/高光"对话框,如图 5-90 所示,各项参数的作用如下:

　　数量:用于控制提亮阴影或减暗高光的程度,值越大效果越明显。

　　色调宽度:决定了调整照片的"阴影/高光"时所影响的范围。例如,调整阴影区时,"色调宽度"值越小则会影响到阴影区域中最暗的部分,增大数值则可能影响到中间调。

　　半径:用于控制影响阴影和高光区域相交附近像素的范围,影响了两者之间的过渡是否自然。最佳数值大小要取决于图像,需要尝试不同的值来达到平衡。

颜色校正:用于加强或减弱调整区域内色彩的饱和度。

中间调对比度:用于调整中间调的对比度,对整幅照片影响较大。

修剪黑色/修剪白色:用于控制极亮或极暗区域的剪切,值越大,照片的对比度也越大,但是过大的值会造成细节丢失。

图 5-90　"阴影/高光"对话框

【案例 5-13】　矫正逆光照片。

1. 任务目标及效果说明

使用数码相机逆光拍摄时,往往会造成照片中亮的区域特别亮、暗的区域特别暗。处理这种照片最好的方法就是使用"阴影/高光"命令,它能够基于阴影与高光中的相邻像素来校正每一个像素,允许对阴影或高光分别控制,只要照片的高光与阴影没有被裁切,就可以挽回失去的层次。下面使用该命令来校正逆光照片,照片调整前、后见图 5-91、图 5-92。

图 5-91　调整前

图 5-92　调整后

2. 操作步骤

(1)打开素材文件夹中的"图 5-2-13"图像文件,这是一张逆光照片。

(2)执行菜单栏中的"图像"—"调整"—"阴影/高光"命令,如图 5-93 所示。

(3)执行"阴影/高光"命令后,将打开"阴影/高光"对话框,默认情况下只有两项参数。

(4)在"阴影/高光"对话框中勾选"显示更多选项",则可以展开对话框,显示更多参数,如图 5-94 所示。

(5)在阴影选项区中设施"数量"为 48%,这时可以将阴影部分提亮。

(6)设置"色调亮度"为 73%,可以看到变亮的阴影区域更大一些。

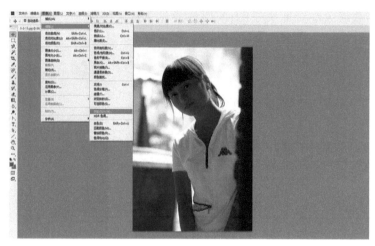

图 5-93　执行"阴影/高光"命令

（7）设置"半径"为 32 像素，适当调整阴影到高光的过渡，力求自然。

（8）在高光选项区中设置"数量"为 21%，适当将高光压暗一些，值越大高光区域越暗，如图 5-95 所示。

图 5-94　执行"显示更多选项"命令

图 5-95　设置"阴影/高光"参数

（9）设置"色调宽度"为 40%，减少影响的高光范围。

（10）设置"半径"为 14 像素，进一步控制高光与阴影之间的过渡。

（11）在"调整"选项区中设置"颜色校正"为 +15，加强调整区域内色彩的饱和度，如图 5-96 所示。

（12）设置"中间调对比度"为 +8，适当加强照片的整体对比度。

（13）单击"确定"按钮，则照片得到基本的修正。

（14）在"图层"面板中执行"渐变映射"命令，创建渐变映射调整图层。

（15）在"属性"面板中选择"黑、白渐变"。

（16）在"图层"面板中设置渐变映射调整图层的混合模式为"明度"，进一步加强照片的对比度，如

图 5-96　设置"调整"选项区参数

图 5-97 所示。

图 5-97 设置混合模式为"明度"

5.2.14 HDR 色调命令

HDR 是 High Dynamic Range 的缩写,意思是高动态范围,本身是 CG 的概念,应用到照片上可以这样理解:就是让照片无论是高光部分还是阴影部分的细节都很清晰,营造一种高光不过曝、暗调不欠曝的理想状态。"HDR 色调"命令可以修补太亮或者太暗的图像,制造出高动态范围的效果。打开一幅图像后,执行菜单栏中的"图像"—"调整"—"HDR 色调"命令可以打开"HDR 色调"对话框,如图 5-98 所示,各项参数的作用如下:

图 5-98 "HDR 色调"对话框

预设:点击"预设"后可以看到很多如同照片滤镜一样的名称,如"城市暮光""超现实"等,这些都是参数组合,直接可以看到效果,预设中大部分效果都比较假,但其中的"平滑""单色类""超现实"还是不错的,经常会使用到。预设后面有小齿轮标志,点击可以存储当前参数为预设、载入其他预设,以及删除当前预设。

方法:调整模式中有四个选项,默认值为"局部适应"。

边缘光:它的作用是用来调整物体边缘(不同明暗、不同颜色)的亮度,让边缘提亮。

半径:默认值 16 像素,调整范围 1~500 像素,它可以控制交界边缘的作用范围,半径越大范围越广。

强度:默认值 0.23,调整范围 0.10~4.00 边缘处发光的强度,数值越高就越亮。

平滑边缘:默认为不开启。边缘光提升失误会导致边缘细节损失,勾选它可以在提亮边缘的同时保留细节。

色调与细节:主要是调整画面的亮度和细节的表现。

灰度系数:默认值 1.00,调整范围 9.99 ~ 0.01,它调整高光和阴影之间的差异,和方法 1 中的灰度系数原理相同,调整范围也相同,但是实际调整幅度更大。

曝光度:默认值 0.00,它单纯调整画面的亮度。

细节:默认值 30%,类似于 ACR 的清晰度,提升可以增加细节表现,降低可以让画面朦胧。

高级:这里有 4 个选项,用来调整画面表现力,可以分别调整高光和阴影处的亮度,以及画面的色彩强度。

阴影/高光:调整画面暗部和亮度的明暗表现。

自然饱和度:也就是鲜艳度,提升可以增强颜色,但是不同区域的提升幅度不同,照片中暗淡区域的饱和度会得到很大提升,而本来很艳丽的区域将会被保护,反之亦然。

饱和度:色彩强度,默认值 +20%,数值越高色彩越鲜艳、越低色彩越暗淡,降到最低 -100% 后画面变成黑白色。

色调曲线和直方图:用来调整全色彩通道的亮度,和一般的曲线没有什么区别。

【案例 5-14】 模仿 HDR 效果的照片。

1. 任务目标及效果说明

"HDR 色调"命令本身是与菜单栏中的"文件"—"自动"—"合并到 HDR Pro"命令结合使用的,通过合成三张或者更多相同场景下不同曝光度的照片,从而得到比普通照片更广泛的亮度和色彩范围。但是该命令同样可以应用于普通的 JPG 格式的照片,以改善照片在影调方面的缺陷。下面我们使用该命令来调整一张普通照片的影调与色彩,调整前、后对比见图 5-99、图 5-100。

图 5-99　调整前　　　　　　　　　　图 5-100　调整后

2. 操作步骤

(1)打开素材文件夹中的"图 5-2-14"图像文件。

(2)按下 F7 键打开"图层"面板。

(3)在"图层"面板中单击"创建新的填充或调整图层"按钮,在弹出的菜单中选择

"色阶"命令,如图 5-101 所示。

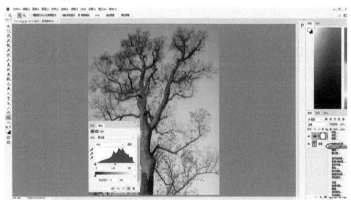

图 5-101　选择"色阶"命令

(4)在"属性"面板中向右拖动黑色滑块,对齐到直方图的左侧,重定黑场。

在"属性"面板中向左拖动白色滑块,对齐到直方图的右侧,重定白场,如图 5-102 所示。

(5)执行菜单栏中的"图像"—"调整/HDR 色调"命令。

(6)在弹出的"脚本警告"对话框中单击"是"按钮。

(7)在"HDR 色调"对话框中展开"边缘光"选项,如图 5-103 所示。

(8)设置"半径"为 10 像素,它影响着边缘光效果,该值不宜过大。

(9)设置"强度"为 1.08,它用于控制发光效果的对比度。

(10)在对话框中展开"色调和细节"选项,如图 5-104 所示。

图 5-102　调整"属性"参数

(11)设置"灰度系数"为 1.40,它控制照片中高光与阴影之间的差异。

(12)设置"曝光度"为 −0.32,它控制照片的曝光,整体影响照片的明暗。

(13)设置"细节"为 +8%,它控制照片的层次与细节,向左调整时,照片变模糊,如果是人像照片,则皮肤变光滑;向右调整时,照片变清晰,同时噪点变多。

(14)在对话框中展开"高级"选项,如图 5-105 所示。

(15)设置"阴影"为 −32%,它影响着照片中阴影区明亮程度。

(16)设置"高光"为 −5%,它影响着照片中高光区明亮程度。

(17)设置"自然饱和度"为 +33%,"饱和度"为 +73%,这两个参数都影响照片颜色的鲜艳程度。

(18)在对话框中展开"色调曲线和直方图"选项,如图 5-106 所示。

(19)适当调整曲线的状态,这里与"曲线"命令的使用是一样的,控制照片的整体对比度。

图 5-103　"边缘光"选项

图 5-104　"色调和细节"选项

图 5-105　"高级"选项

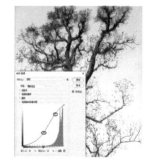

图 5-106　"色调曲线和直方图"选项

（20）单击"确定"按钮，这样就模仿 HDR 对普通照片进行了影调与颜色的调整。

（21）在"图层"面板中执行"渐变映射"命令，创建渐变映射调整图层，如图 5-107 所示。

（22）在"属性"面板中选择"黑、白渐变"。

（23）在"图层"面板中设置渐变映射调整图层的混合模式为"明度"，进一步加强照片的对比度，如图 5-108 所示。

图 5-107　"渐变映射"命令

图 5-108　设置混合模式为"明度"

课后练习

一、填空题

1. 在"色阶"对话框中有一个峰形图,它叫作_____,在直方图中,横轴表示图像中各个像素的亮度范围,取值为_____~_____,纵轴表示该亮度级别下图像总的像素数。峰形偏左,说明暗调多,表示照片整体偏_____;峰形偏右,说明_____多,表示照片整体偏亮。

2. "曲线"调整中,S型曲线用于_____照片的对比度,反S型曲线用于_____照片的对比度。

3. 当要创建单色调照片时,利用"色相/饱和度"命令中的_____功能是一种非常不错的方法。

4. 在图像调整命令中,_____命令可以使图像的饱和度变为最低,呈现灰度图效果;_____命令可以使图像的颜色反转为其补色。

二、简答题

1. 简述几种常见的颜色模式。

2. Photoshop中色彩调整命令有几种使用方式?

3. 使用"图像"菜单和使用调整图层两种方式的区别?

三、操作题

1. 图5-109是一张偶然机会拍到的火烧云照片,景象壮观,很有气势,但是拍摄出来的照片灰灰的,颜色对比也不够强烈,请使用"色阶"命令对这张照片进行后期处理,重点加强一下对比度。

图5-109 火烧云

2. 图5-110是一张气球照片,五颜六色,但是对比度不够强烈。为了使照片看起来更加绚丽缤纷,请使用"曲线"命令调整图像,使图像的高光区域变亮,阴影区域变暗,从而使图像的对比度增加。

图 5-110　气球

3. 在数码相机普及的今天，处处都是彩色照片。看多了彩色照片，让疲劳的视觉享受一下黑白照片的刺激，会感到更有韵味，请使用 Photoshop 中的"黑白命令"，将图 5-111 转成黑白效果。

4. 图 5-112 是一张跳伞照片，请利用 Photoshop 中的"色彩平衡"命令，对图像的高光、中间调、阴影区域进行粗略的调整，以调整图像的偏色现象，强化照片的色彩层次。

图 5-111　人像

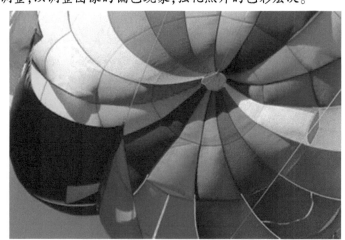

图 5-112　跳伞

第 6 章　路径与形状

6.1　认识路径

路径是由"钢笔"工具创建的,它是一条由锚点与线段构成的辅助会话对象,外观是黑色的线条,但它本身并不能输出,可以将他看作一种辅助线。路径既可以是开放的,也可以是闭合的,如图 6-1、图 6-2 所示。

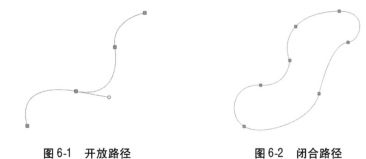

图 6-1　开放路径　　　　　　　　　　图 6-2　闭合路径

对路径的调整主要是对锚点的调整,通过调整锚点可以改变路径的形态。路径上的锚点有三种形态,分别是角点(见图 6-3)、平滑点(见图 6-4)和拐点(见图 6-5)。其中没有方向线的锚点成为角点,有方向线且方向线对称的锚点称为平滑点,有方向线但方向线不对称的锚点称为拐点。

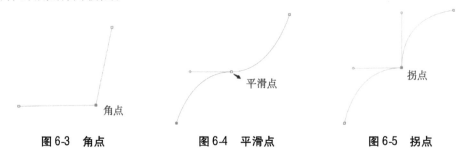

图 6-3　角点　　　　　　　图 6-4　平滑点　　　　　　　图 6-5　拐点

6.2　创建路径

6.2.1　使用钢笔工具创建直线路径

路径的创建主要由"钢笔"工具来完成。"钢笔"工具是一种特殊的工具,使用该工具绘制出来的是不含有任何像素的矢量对象,即路径。"钢笔"工具主要用来创建各种形态的路径,包括直线路经。

【案例 6-1】 创建直线路径。

1. 任务目标及效果说明

创建直线路径的操作方法非常简单,选择钢笔工具以后,在图像窗口中单击鼠标左键确定路径的第一个锚点,然后移动光标位置,再单击鼠标左键确定第二个锚点,即可绘制直线路径,依此类推,就完成了直线路径的创建(见 6-6),如果怕绘制的路径不够直,可以配合使用 Shift 键。

图 6-6   创建直线路径

2. 操作步骤

(1)打开"素材"文件夹中的图像文件.

(2)双击工具栏中的"缩放工具",将图像以 100% 比例显示。

(3)选择工具箱中的"钢笔工具"。

(4)在工具选项栏中选择"路径"选项,并单击"设置"按钮,选择"橡皮擦"选项,这样可以预览到下一段路径。

(5)在图像窗口中左侧的盒子角上单击鼠标左键,确定第一个锚点,则"路径"面板将产生一个工作路径,如图 6-7 所示。

(6)确定第 1 个锚点后,移动光标到盒子的另一个角上,单击鼠标左键确定第 2 个锚点。

(7)按照同样的方法,沿着盒子的边缘多次单击鼠标,绘制锚点。

(8)将光标移动到开始位置(第 1 个锚点位置),这时光标的右下角将显示一个小圆圈。

(9)单击鼠标左键,即可创建封闭的路径,如图 6-8 所示。

图 6-7   创建工作路径

图 6-8   创建封闭路径

6.2.2   使用钢笔工具创建曲线路径

创建曲线路径的方法与直线路径不同,选择"钢笔"工具以后,首先要在图像窗口中按住鼠标左键拖动鼠标,这时将出现一个方向线,它的长度与方向决定了下一段曲线路径的形状,当光标移动到适当的位置时释放鼠标左键,然后在另一个位置按住鼠标左键拖动鼠标,这样就可以创建曲线路径,依此类推,完成曲线路径的创建。

【案例 6-2】　创建曲线路径。

1. 任务目标及效果说明

创建曲线路径的操作方法稍微复杂,选择"钢笔"工具以后,在图像窗口中单击鼠标左键确定路径的第一个锚点,然后移动光标位置,再单击鼠标左键确定第二个锚点拖曳,这时可以出现一个曲率调杆,配合 Alt 键可以调节锚点处的曲率大小和方向,从而绘制出曲线路径,见图 6-9。下面我们学习一下如何创建曲线路径。

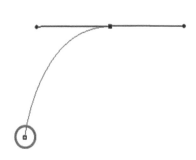

图 6-9　创建曲线路径

2. 操作步骤

(1)打开"素材"文件夹中的"6-2-2. jpg"图像文件。

(2)选择工具箱中的"钢笔"工具,如图 6-10 所示。

(3)在工具栏中选择"路径"选项,并选择"橡皮擦"选项。

(4)多次按下 Ctrl + +快捷键,将图像放大到 100% 显示。

(5)在图像窗口中的蛋糕边缘上按住鼠标左键拖动,绘制第 1 个锚点。

(6)移动光标到合适的位置,按住鼠标左键拖动绘制第 2 个曲线锚点,这时可以看到在两点之间产生一条曲线。

(7)用同样的方法继续绘制其他锚点,这样就形成了一条曲线路径,如图 6-11 所示。

图 6-10　选择"钢笔"工具

图 6-11　创建曲线路径

(8)将光标移动到开始位置(第 1 个锚点的位置),光标右下角将显示出一个小圆圈。

(9)单击鼠标左键,即可创建封闭的路径,如图 6-12 所示。

(10)按下 Ctrl + Enter 快捷键,将路径转化成选区。

(11)按下 Ctrl + J 快捷键,将选择的蛋糕复制到一个新图层中。

(12)单击"背景"图层左侧的眼睛图标,将"背景"图层隐藏,可以看到抠图后的效果,如图 6-13 所示。

图 6-12　创建封闭路径

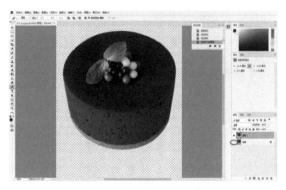

图 6-13　曲线路径应用效果

6.2.3　使用形状工具绘制路径

　　使用形状工具可以直接在图像中绘制矩形、圆角矩形、椭圆、多边形和直线等图形对象(见图 6-14),绘制的对象具有矢量性质,可以任意放大和调整形态。使用形状工具时,首先要在工具选项栏选择"路径"这种绘图方式。

图 6-14　形状工具组

【案例 6-3】　形状工具绘制路径。

　1. 任务目标及效果说明

　　在 Photoshop 中,形状工具存在着三种不同的绘图方式,即形状方式、路径方式和像素方式。使用形状工具的时候首先要确定绘图方式。下面以一幅插画为例,理解一下这三种方式的不同之处。

　2. 操作步骤

　　(1)打开"素材"文件夹中的"6-2-3"图像文件。

　　(2)选择工具箱中的"自定形状工具"。

　　(3)在工具选项栏中选择"形状"选项,然后在图像窗口中按住鼠标左键拖动鼠标,此时将以形状方式绘制图形,"图层"面板中将自动生成一个形状图层,"路径"面板中自动生成一个"形状路径",如图 6-15 所示。

　　(4)按下 Ctrl+Z 快捷键,撤销上一步操作。

　　(5)在工具选项栏中选择"路径"选项,然后在图像窗口中按住鼠标左键拖动鼠标,则

图 6-15 生成"形状路径"

产生路径。此时"图层"面板中没有任何改变,"路径"面板中则自动生成"工作路径",如图 6-16 所示。

图 6-16 生成"工作路径"

(6)按下 Ctrl+Z 快捷键,撤销上一步操作。

(7)在工具选项栏中选择"像素"选项,然后在图像窗口中按住鼠标左键拖动鼠标,此时将以颜色填充的方式直接覆盖在当前图层上。"图层"面板和"路径"面板都无变化,如图 6-17 所示。

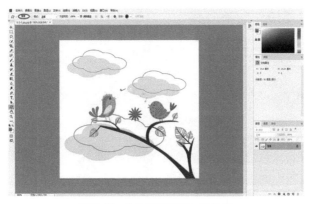

图 6-17 "像素"选项应用效果

6.3 形状图层

在 Photoshop 中使用形状工具绘制形状以后,将产生一个形状图层,在图层缩览图的右下角有一个路径标记,通过它可以辨别图层的类型;另外,在路径面板中自动生成一个"形状路径"。

6.3.1 创建"形状图层"

情形一:用钢笔工具绘制路径时,属性栏选择"形状"模式,不仅可以在路径面板中新建一个路径,同时还在图层面板中创建了一个形状图层,如图 6-18 所示,同样在图层面板中可以设置形状图层的样式、模式和不透明度。勾选"自动添加/删除"选项,可以在绘制路径的过程中对绘制出的路径添加或删除锚点,如果未勾选此项可以通过单击鼠标右键在弹出的菜单中选择添加锚点或删除锚点来达到同样的目的。

情形二:在 Photoshop 中,形状工具也存在三种不同的绘图方式,即形状方式、路径方式和像素方式。创建"形状图层",首先要确定属性栏绘图模式为"形状",如图 6-19 所示。

图 6-18 创建形状路径(一)

图 6-19 创建形状路径(二)

6.3.2 为形状图层设置填充与描边

形状图层的填充与描边都是通过形状工具的属性栏来设置的,如图 6-20 所示,具体参数的设置值如下:

图 6-20 形状工具属性栏

模式:形状、路径、像素三种绘图方式。

填充:单击工具箱中的前景色进行设置。

描边:可设置描边的颜色和粗细。

描边选项:可设置不同种类的实线和虚线。

其他选项:形状的大小属性。

对齐边缘:与已经存在的图像边缘贴齐。如果没有图像,就会以画面四边作为参考对齐。

【案例6-4】 使用形状工具修饰价格表。

1. 任务目标及效果说明

Photoshop CC 2017 中,绘制一个形状,不仅可以对其进行颜色填充,而且新增了描边功能,也可以对轮廓进行描边,使得工作更加灵活和随心所欲。下面使用形状工具对现有的价格表进行修饰。

2. 操作步骤

(1)打开"素材"文件夹中的"6-3-1"图像文件。

(2)按下 F7 键,打开"图层"面板。

(3)双击"背景"图层更改为"图层 0",在"图层"面板中单击"创建新图层"按钮,创建一个新图层"图层 1",将该图层调整到"图层 0"的下方,并将"图层 0"的透明度更改为 65%。

(4)选择工具箱中的"圆角矩形"工具。

(5)在工具选项栏中选择在"像素"选项,设置"半径"为 30 像素。

(6)设置前景色为紫色(RGB:184.61.149),在图像窗口中按住鼠标左键拖动鼠标绘制一个紫色的圆角矩形,作为价目表的背景,如图 6-21 所示。

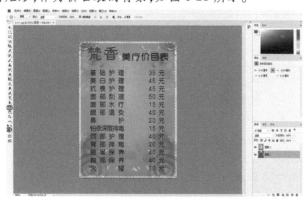

图 6-21 绘制紫色圆角矩形

(7)在图像窗口中单击鼠标左键拖动鼠标,绘制一个矩形,同时"图层 1"的上方产生了一个形状图层。在工具选项栏中选择"形状"选项,然后设置"填充"颜色为白色(RGB:255.255.255)。

(8)在图像窗口中第一行内容的位置处拖动鼠标,绘制一个矩形,此时"图层 2"自动变成了形状图层"矩形 1",如图 6-22 所示。

(9)连续按 6 次 Ctrl+J 快捷键,将"矩形 1"图层连续复制 6 次。

(10)选择工具箱中的"路径选择工具"分别调整复制的矩形,使其间隔摆放,如图 6-23 所示。

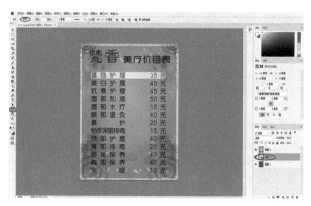

图 6-22　变换形状图层

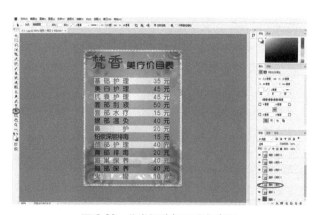

图 6-23　"路径选择工具"选项

(11)选择工具箱中自定义形状的"直线"工具。此时修改工具选项栏中的参数,其中"填充"为无色,"描边"为黑色(RGB:0.0.0),粗细为 6.35 像素,"线型"为虚线。按住 Shift 的同时在图像窗口中拖出一条虚线,如图 6-24 所示。

(12)完成对价目表的修饰,如图 6-25 所示。

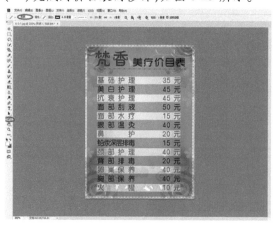

图 6-24　"直线"工具应用效果

图 6-25　价目表修饰效果

6.4　编辑路径

6.4.1　调整路径段与锚点的位置

对路径的调整主要是对锚点的调整,通过调整锚点可以改变路径的形态。路径上的锚点有三种形态,分别是角点、平滑点和拐点。其中,没有方向线的锚点称为角点,有方向线且方向线对称的锚点称为平滑点,有方向线但方向线不对称的锚点称为拐点。

6.4.2　添加、删除锚点,转换点工具

1. 创建路径

(1)打开"素材"文件夹中的"6-4-2"图像文件。

(2)选择工具箱中的"钢笔工具"。

(3)沿着杯子边缘依次单击鼠标左键,创建一个大致的封闭路径,不需要太精确,如图 6-26 所示。

2. 删除锚点

(1)选择工具箱中的"删除锚点工具"。

(2)移动光标到左侧的一个锚点上,此时光标的右下角将显示一个" - "号,单击鼠标左键即可删除该锚点,如图 6-27 所示。

图 6-26　创建封闭路径　　　　　　　图 6-27　删除锚点

3. 添加锚点

(1)选择工具箱中的"添加锚点工具"。

(2)移动光标到路径上,此时光标的右下角将显示一个" + "号,单击鼠标左键即可添加一个锚点,如图 6-28 所示。

4. 选择与移动锚点

(1)选择工具箱中的"直接选择工具"。

(2)将光标指向左上角锚点,单击鼠标左键可以选择该锚点,被选择的锚点以实心方块显示。

拖动选择的锚点,可以移动锚点,这时路径的形状也就改变了,如图 6-29 所示。

图 6-28　添加锚点

图 6-29　移动锚点

5. 将角点转换为平滑点

（1）在工具箱中选择"转换点工具"。

（2）将光标指向左上角的锚点并拖动鼠标，可以将角点转换为平滑点，这时锚点的两侧出现方向线，如图 6-30 所示。

6. 将平滑点转换为拐点

（1）首先使用"直接选择工具"选择要调整的锚点，如果是平滑点，则锚点的两侧将出现方向线。

（2）在工具箱中选择"转换点工具"。

（3）将光标指向平滑点一侧的方向线，按 Alt 键拖动鼠标，可以将平滑点转换为拐点，如图 6-31 所示。

图 6-30　转换角点为平滑点

图 6-31　将平滑点转换为拐点

7. 将平滑点或拐点转换为角点

（1）在工具箱中选择"转换点工具"

（2）在平滑点或拐点上单击鼠标左键，可以将平滑点或拐点转换为角点，如图 6-32 所示。

6.4.3　为路径设置填充与描边

路径是一种辅助工具，创建路径以后，可以对其进行描边、填充或转换为选区等操作。其中，描边路径是指沿着路径创建绘画描边，可以模仿任何绘图工具的效果；填充路径则是指对路径填充颜色或图案

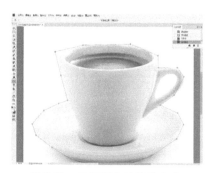

图 6-32　将平滑点转换为角点

等,如果路径是开放的,填充路径时将自动封闭。这一系列操作都是在路径面板(见图6-33)中完成的。

单击 ⬤ 按钮,可以使用前景色填充路径。

单击 ⭕ 按钮,可以使用前景色描绘路径。

单击 ⬚ 按钮,可以将路径转换为选区。

单击 ◉ 按钮,可以将选区转换为路径。

【案例6-5】 制作霓虹灯效果文字。

图 6-33　路径面板

1. 任务目标及效果说明

霓虹灯文字具有神秘绚烂的特点,多出现在都市夜晚的街头、门市等公共场所。巧妙地运用 Photoshop 中的描边路径等命令可以逼真地表现出霓虹灯文字效果。在描边路径时注意层次关系,第一次用粗画笔描边,最后一次用细画笔描边,并且设置白色为霓虹灯的高光。为了增强逼真度,还要使用图层样式添加适当的效果。

2. 操作步骤

(1)打开"素材"文件夹中的"6-4-4"图像文件。

(2)按下 F7 键,打开"图层"面板。选择文字图层为当前图层。

(3)按 Ctrl 键并用鼠标左键单击文字图层将文字图层载入选区,在路径面板将文字选区转化为路径,创建文字轮廓路径,如图6-34 所示。

图 6-34　创建文字轮廓路径

(4)在"图层"面板中暂时隐藏文字,然后创建一个新的图层"图层 1"。

(5)选择工具箱中的"画笔工具",在工具选项栏中设置画笔的大小为 5 像素,硬度为 50% 。

(6)设置前景色为红色(RGB:255.0.0)。

(7)执行菜单栏中"窗口"—"路径"命令,打开"路径"面板。

(8)击"用画笔描边路径"按钮,用前景色描边路径,如图6-35 所示。

(9)设置前景色为白色。

(10)在画笔工具选项栏中设置画笔大小为 3 像素,硬度为 0% 。

(11)在"路径"面板中单击"用画笔描边路径"按钮,用前景色描绘路径。

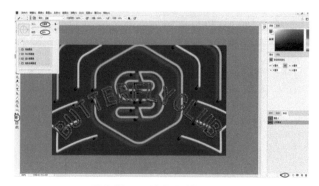

图6-35　用前景色描边路径

（12）在"路径"面板中的灰色位置处单击鼠标左键,路径面板空白处单击隐藏路径,可以观察描边效果,如图6-36所示。

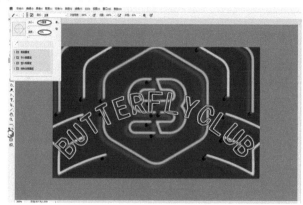

图6-36　描边效果展示

（13）执行菜单栏中的"图层"—"图层样式"—"外发光"命令。

在打开的"图层样式"对话框中设置发光色的RGB值为（255.82.48）,并设置其他参数,如图6-37所示。

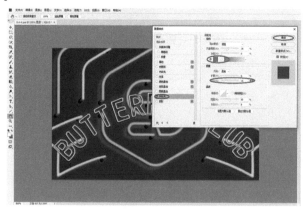

图6-37　设置"图层样式"参数

（14）单击"确定"按钮。

（15）在"图层"面板中再创建一个新的图层"图层 2"。

（16）在"路径"面板中选择"路径 1"，显示该路径。

（17）按住 Alt 键的同时在"路径"面板中单击"用前景色填充路径"按钮。

（18）在弹出的"路径"对话框中设置"使用"为"颜色"，并设置为黄色（RGB：255.189.12）。

（19）设置"羽化半径"为 10 像素，如图 6-38 所示。

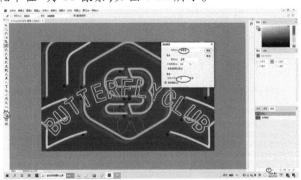

图 6-38　设置"羽化半径"参数

（20）单击"确定"按钮。

（21）参照前面的方法对路径进行描边，第一次描 5 像素的黄边，第二次描 3 像素的白边。

（22）执行菜单栏中的"图层"—"图层样式"—"外发光"命令，设置外发光效果，完成霓虹字的制作，如图 6-39 所示。

图 6-39　霓虹字制作效果

6.5　选择路径

6.5.1　路径选择工具

路径选择工具（见图 6-40）就是用来选择整条路径工具。使用的时候只需要在任意路径上点一下就可以移动整条路径。同时还可以框选一组路径进行移动。用这款工具在路径上单击鼠标右键还会有一些路径的常用操作功能出现,如删除锚点、增加锚点、转为选区、描边路径等。同时按住 Alt 键可以复制路径。

6.5.2 直接选择工具

直接选择工具(见图6-41)是用来选择路径中的锚点工具,使用的时候用这款工具在路径上点一下,路径的各锚点就会出现,然后选择任意一个锚点就可以随意移动或调整控制杆。这款工具也可以同时框选多个锚点进行操作。按住 Alt 键也可以复制路径。

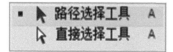

图 6-40 路径选择工具选项

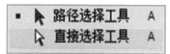

图 6-41 直接选择工具选项

6.6 使用路径面板管理路径

执行菜单栏中的"窗口"—"路径"命令,可以打开"路径"面板(见图6-42),使用"路径"面板可以创建、存储和删除路径,在"路径"面板中显示了路径的名称和缩览图。打开图像文件时,与图像一起存储的路径将显示在"路径"面板中。

图 6-42 "路径"面板

单击 ● 按钮,可以使用前景色填充路径。

单击 ○ 按钮,可以使用前景色描绘路径。

单击 ✳ 按钮,可以将路径转换为选区。

单击 ◇ 按钮,可以将选区转换为路径。

单击 ▣ 按钮,可以根据路径的形状为当前图层添加蒙版。

单击 🗋 按钮,可以建立一个新路径。

单击 🗑 按钮,可以删除所选路径。将路径直接拖动到按钮上,也可以删除所选路径。

6.6.1 选择或取消路径

在"路径"面板中单击路径可以选择路径,如果想取消路径,在"路径"面板中的空白位置处单击鼠标左键,则可以隐藏路径。

6.6.2 创建新路径

在"路径"面板中单击"创建新路径"按钮建立路径以后,再使用钢笔工具或形状工具在图像窗口中绘制路径,则工作路径会自动存储。否则要双击"工作路径",才能将其存储。

6.6.3 保存"工作"路径

如果在"路径"面板中单击"创建新路径"按钮建立路径之后,再使用钢笔工具或形状工具在图像窗口中绘制路径,则工作路径会自动存储;否则要双击"工作路径",才能将其存储。

课后练习

一、填空题

1. 在绘制路径时,如果单击鼠标左键创建的锚点不够精确,可以按住_____键进行调整,调整完后可以继续绘制路径。

2. 如果创建的是闭合路径,需要将光标指向起始锚点处单击鼠标左键;如果创建的是开放路径,则需要按住_____键在路径以外的区域单击鼠标左键。

3. 绘制曲线路径后,如果想要在后面跟一段直线路径,可以按住_____键单击最后一个锚点,将其转换为角点,然后在其他位置单击鼠标。

4. 使用"直接选择工具"单击锚点,可以选择该锚点;按住 Shift 键的同时单击要选择的锚点,可以选择_____锚点。

二、简答题

1. 简述"路径"面板的功能。

2. 形状工具的三种不同的绘图方式。

三、操作题

1. Photoshop 制作可爱布纹花边文字图片

用路径及形状工具做出单个的花纹图案(见图6-43~图6-44),并定义成笔刷。调出文字的选区转为路径后用定义好的画笔描边路径,就可以做出有花边的文字(见图6-45)。后期再加上一些图层样式及花纹装饰等即可。

图6-43 花纹一

图6-44 花纹二

2. 请将素材一(见图6-46)中的企鹅用钢笔工具抠出来,放到素材二中(见图6-47),并调整素材二图片的色彩亮度,使两张照片合成为一张照片,效果见图6-48。

图 6-45　效果图(一)

图 6-46　素材一

图 6-47　素材二

图 6-48　效果图(二)

第7章 通道的运用

7.1 认识通道

7.1.1 什么是通道

通道是用于存储图像颜色信息和选区信息等不同类型信息的灰度图像。在 Photoshop 中,在不同的图像模式下,通道是不一样的。通道层中的像素颜色是由一组原色的亮度值组成的,通道实际上可以理解为选择区域的映射。

7.1.2 通道的主要功能

通道的主要功能表现在以下三个方面:
(1)存储图像的色彩资料。
(2)存储和创建选区。
(3)抠图。

7.1.3 通道的分类

通道作为图像的组成部分,是与图像的格式密不可分的,图像颜色、格式的不同决定了通道的数量和模式,在通道面板中可以直观的看到。在 Photoshop 中包含 3 种类型的通道。

1. Alpha 通道

Alpha 通道是计算机图形学中的术语,指的是特别的通道。有时,它特指透明信息,但通常的意思是"非彩色"通道。Alpha 通道是为保存选择区域而专门设计的通道,在生成一个图像文件时并不是必须产生 Alpha 通道。通常它是在图像处理过程中人为生成,并从中读取选择区域信息的。因此,在输出制版时,Alpha 通道会因为与最终生成的图像无关而被删除。但也有时,比如在三维软件最终渲染输出的时候,会附带生成一张 Alpha 通道,用以在平面处理软件中作后期合成。

除 Photoshop 的文件格式 PSD 外,GIF 与 TIFF 格式的文件都可以保存 Alpha 通道。而 GIF 文件还可以用 Alpha 通道作图像的去背景处理。因此,可以利用 GIF 文件的这一特性制作任意形状的图形。

2. 颜色通道

一个图片被建立或者打开以后是会自动创建颜色通道的。当你在 Photoshop 中编辑图像时,实际上就是在编辑颜色通道。这些通道把图像分解成一个或多个色彩成分,图像的模式决定了颜色通道的数量,RGB 模式有 R、G、B 三个颜色通道,CMYK 图像有 C、M、

Y、K 四个颜色通道,灰度图只有一个颜色通道,它们包含了所有将被打印或显示的颜色。查看单个通道的图像时,图像窗口中显示的是没有颜色的灰度图像,通过编辑灰度级的图像,可以更好地掌握各个通道原色的亮度变化。

对于不同模式的图像,其通道的数量是不一样的,图像的颜色模式决定了为图像创建颜色通道的数目,如图 7-1 所示。

图 7-1　颜色模式及通道数量

(1)位图模式仅有一个通道,通道中有黑色和白色 2 个色阶。

(2)灰度模式的图像有一个通道,该通道表现的是从黑色到白色的 256 个色阶的变化。

(3)RGB 模式的图像有 4 个通道,1 个复合通道(RGB 通道),3 个分别代表红色、绿色、蓝色的通道。

(4)CMYK 模式的图像由 5 个通道组成:一个复合通道(CMYK 通道),4 个分别代表青色、洋红、黄色和黑色的通道。

(5)LAB 模式的图像有 4 个通道:1 个复合通道(LAB 通道)、1 个明度分量通道、2 个色度分量通道。

一个图像最多可有 56 个通道。所有的新通道都具有与原始图像相同的尺寸和像素数目。

3. 专色通道

专色通道是一种特殊的颜色通道,它可以使用除青色、洋红(有人叫品红)、黄色、黑色以外的颜色来绘制图像。在印刷中为了让印刷作品与众不同,往往要做一些特殊处理。如增加荧光油墨或夜光油墨,套版印制无色系(如烫金)等,这些特殊颜色的油墨(称其为"专色")都无法用三原色油墨混合而成,这时就要用到专色通道与专色印刷了。

在图像处理软件中,都存有完备的专色油墨列表。只须选择需要的专色油墨,就会生成与其相应的专色通道。但在处理时,专色通道与原色通道恰好相反,用黑色代表选取(喷绘油墨),用白色代表不选取(不喷绘油墨)。由于大多数专色无法在显示器上呈现效果,所以其制作过程也带有相当大的经验成分。

7.2　通道面板及通道的基本操作

7.2.1　通道面板

"通道"面板主要用于创建、存储、编辑和管理通道。

　　打开任意一张 RGB 颜色模式的图像,执行"窗口"—"通道"菜单命令,可以打开"通道"面板,在该面板中能够看到 Photoshop 自动为这张图像创建颜色信息通道,如图 7-2 所示。

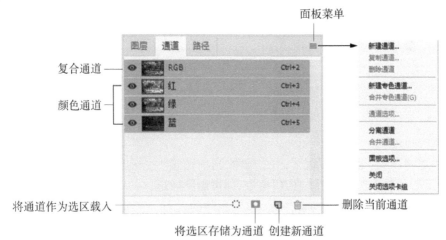

图 7-2　"通道"面板

　　颜色通道:用来记录图像颜色信息。

　　复合通道:该通道用来记录图像的所有颜色信息。

　　将通道作为选区载入:单击该按钮,可以载入所选通道图像的选区。

　　将选区存储为通道:如果图像中有选区,单击该按钮,可以将选区中的内容存储到通道中。

　　创建新通道:单击该按钮可以新建一个 Alpha 通道。

　　删除当前通道:将通道拖曳到该按钮上,可以删除选择的通道。

7.2.2　通道的基本操作

1. 显示和隐藏通道

　　执行"窗口"—"通道"命令,打开"通道"面板,如图 7-2 所示。如果想要查看某个通道,单击通道名称即可隐藏其他通道,只显示选择的通道。

2. 新建 Alpha 通道/专色通道

　　打开 1 张图片,在"通道"面板下单击"创建新通道"按钮,新建 Alpha 通道,默认情况下,编辑 Alpha 通道时,文档窗口中只显示通道中的图像。为了能更精确地编辑 Alpha 通道,可以将复合通道显示出来,如图 7-3 所示。

　　如果要新建专色通道,可以在"通道"面板菜单中选择"新建专色通道"命令,如图 7-4 所示。

3. 复制通道

　　在通道上单击鼠标右键,在弹出的菜单中选择"复制通道"命令,或者直接将通道拖曳到"创建新通道" 按钮上,完成通道的复制。

图 7-3　新建 Alpha 通道　　　　　　图 7-4　新建专色通道

4. 删除通道

将通道拖曳到"通道"面板下面的"删除当前通道"按钮上,或在通道上单击鼠标右键,在弹出的菜单中选择"删除通道"命令,即可删除通道。

在删除颜色通道时,特别要注意,如果删除的是红、绿、蓝通道中的其中一个,那么RGB 通道也会被删除;如果删除的是 RGB 通道,那么将删除 Alpha 通道和专色通道以外的所有通道。

5. 排列通道

如果"通道"面板中包含多通道,除去默认的颜色通道的顺序不能进行调整以外,其他通道可以像调整图层顺序一样调整通道的排列位置。

6. 重命名通道

要重命名 Alpha 通道或专色通道,可以在"通道"面板中双击该通道的名称,激活输入框,然后输入新名称即可,默认的颜色通道的名称是不能进行重命名的。

7. 将图层中的内容复制到通道

在 Photoshop 中打开 2 张照片文件,在其中一个素材文档窗口中按 Ctrl + A 组合键全选图像,然后按 Ctrl + C 组合键复制图像,如图 7-5 所示。

图 7-5　复制图像

切换到另一个文件的文档窗口,然后进入"通道"面板,单击"创建新通道"按钮,新建一个 Alpha 1 通道,接着按 Ctrl + V 组合键将复制的图像粘贴到通道中,如图 7-6 所示。

显示出 RGB 复合通道如图 7-7 所示,回到"图层"面板中,可以看到当前 Alpha 通道效果显示在图像中,如图 7-8 所示。

图 7-6　新建 Alpha 通道

图 7-7　显示 RGB 复合通道

图 7-8　Alpha 通道应用效果

8. 合并通道

合并通道命令可以将多个灰度图像合并为一个图像的通道。要合并的图像必须为打开的已拼合的灰度模式图像，并且像素尺寸相同。不满足以上条件时，"合并通道"命令将不可用。已打开的灰度图像的数量决定了合并通道时可用的颜色模式。例如，4 张图像可以合并为一个 RGB 图像或 CMYK 图像。

打开 3 张大小为 1024 像素×683 像素的素材照片，并且颜色模式都是 RGB 的图像，如图 7-9 所示。

图 7-9　素材照片

分别对 3 个图像执行"图像"—"模式"—"灰度"命令，将其转换为灰度图像，如图 7-10 所示。

在第 1 张图像的"通道"面板菜单中选择"合并通道"命令，如图 7-11 所示，打开"合并通道"对话框，设置"模式"为"RGB 颜色"模式，如图 7-12 所示。

图 7-10　将素材照片转换为灰度图像

图 7-11　选择"合并通道"命令　　　　图 7-12　"合并通道"对话框

　　单击"确定"按钮,在打开的"合并 RGB 通道"对话框中可以选择以哪个图像来作为红色、绿色、蓝色通道,如图 7-13 所示。选择好通道图像后,单击"确定"按钮,此时在"通道"面板中会出现一个 RGB 颜色模式的图像,如图 7-14 所示,图像效果如图 7-15 所示。

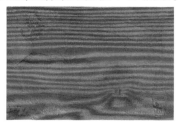

图 7-13　"合并 RGB 通道"对话框　　图 7-14　"通道"—　　图 7-15　图像合并效果
　　　　　　　　　　　　　　　　　　　　"RGB 颜色"模式

9. 分离通道

　　打开一张 RGB 颜色模式的图像,在"通道"面板菜单中选择"分离通道"命令,可以将红、绿、蓝 3 个颜色通道单独分离成 3 张灰度图像,并关闭彩色图像,同时每个图像的灰度都与之前的通道灰度相同,如图 7-16 所示。

原始图　　　　　　　红通道　　　　　　　绿通道　　　　　　　蓝通道

图 7-16　"分离通道"命令应用效果

7.3　Alpha 通道

在 Photoshop 中,通道除可以保存颜色信息外,还可以保存选区信息。简单的说,在将选区保存为 Alpha 通道时,选区被保存为白色,而非选区部分被保存为黑色,如图 7-17 所示。如果选区具有不为 0 的羽化数值,则此类选区被保存为具有灰色柔和边缘的通道,这就是选区与 Alpha 通道之间的关系。

图 7-17　将选区保存为 Alpha 通道时效果

为了方便已经建立的选区能够被再次使用,可将其存储为 Alpha 通道,重新使用时可以将通道转换为选区。

7.3.1　创建 Alpha 通道

1. 直接创建空白的 Alpha 通道

单击"通道"面板底部的"创建新通道"按钮,可以按照默认状态新建空白的 Alpha 通道,即当前通道为全黑色。

2. 从图层蒙版创建 Alpha 通道

当在"图层"面板中选择了一个具有图层蒙版的图层时,切换至"通道"面板,就可以在原色通道的下方看到一个临时通道,如图 7-18 所示。

3. 从选区创建同形状的 Alpha 通道

在当前存在选区的情况下,单击"通道"面板底部的"将选区存储为通道"按钮可创建 Alpha 通道。另外,执行"选择"—"存储选区"命令,在弹出的对话框中根据需要设置新通道的参数并点击"确定按钮",即可将选区保存为通道。

图 7-18　新建临时通道

7.3.2　编辑 Alpha 通道时的原则

(1)用黑色绘图可以减少选区。
(2)用白色绘图可以增加选区。

（3）用介于黑色和白色间的任意一级灰色绘图,可以获得不透明度值小于100%或者边缘具有羽化效果的选区。

【案例7-1】 制作立方体照片。

1. 案例描述

制作一个可爱的立方体照片,将图片放置在立方体的三个面中。

2. 案例分析

利用 Alpha 通道和选区之间的相互转换,制作立方体三个面的选区。

3. 案例实施

（1）新建文件,大小为20厘米×20厘米,分辨率为72像素/英寸。

（2）新建图层1,使用矩形选框工具绘制正方形选区,填充黑色,按下 Ctrl + T 组合键,用鼠标点击右侧的控制点同时按下 Ctrl + Alt + Shift 组合键,向下拖动,如图7-19所示。

（3）按下回车键后,打开"通道"调板,点击底部"将选区存储为通道"按钮,将该选区存储为 Alpha 1 通道,如图7-20所示。

（4）复制图层1,在图层2上执行"编辑"—"变换"—"水平翻转"命令,并按下 Shift 键拖动鼠标向右移动调整好位置,如图7-21所示。

图7-19　新建图层　　　　图7-20　将选区存储为　　　　图7-21　新建图层
　　　并填充黑色　　　　　　　　Alpha 1 通道

（5）在图层调板中,按下 Ctrl 键单击图层2的图层缩览图,将图层2中的图形载入选区,如图7-22所示,并单击"通道"调板底部的"将选区存储为通道"按钮,将该选区存储为 Alpha 2 通道,如图7-23所示。

（6）在图层调板中,再次复制图层1和图层2,得到图层1副本和图层2副本,合并图层1和图层2,图层调板中图层如图7-24所示。

（7）选中图层1,执行"编辑"—"变换"—"垂直翻转"命令,并垂直向上移动,与其余两个图层吻合,位置如图7-25所示。

（8）将 Alpha 1 通道作为选区载入到图层1中,并在图层1中删除该选区内的图像。同样将 Alpha 2 通道作为选区载入到图层1中,并删除图层1中该选区内的图像,结果如图7-26所示。

（9）分别将所有的图层、通道载入选区,然后打开素材图片,Ctrl + A 全选图像,Ctrl +

C 复制,Ctrl + Shift + Alt + V 将图像粘贴入选区中,自由变换调整图像大小,结果如图 7-27 所示。

图 7-22　将图层 2 载入选区

图 7-23　将选区存储为 Alpha 2 通道

图 7-24　图层调板中图层

图 7-25　调整图层后效果

图 7-26　删除图层后的效果

图 7-27　Alpha 通道应用效果

7.4　通道的应用

7.4.1　用通道抠图

通道抠图主要是利用图像的色相差别或明度差别来创建选区,在操作过程中可以多次重复使用"亮度/对比度""曲线""色阶"等调整命令,以及画笔、加深、减淡等工具对通道进行调整,以得到最精确的选区。通道抠图法常用于抠选毛发、云朵、烟雾以及半透明的婚纱等对象。

【案例7-2】 为奔跑的骏马换背景。

1. 案例描述

为素材"骏马.jpg"更换背景。

2. 案例分析

利用通道抠图,选择图像和背景颜色差别最大通道建立选区。

3. 案例实施

(1)打开素材图像"骏马.jpg",按住 Alt 键双击背景图层,将其转为普通图层。

(2)进入"通道"面板,可以看出"蓝"通道中动物颜色与天空颜色差异最大。在"蓝"通道上单击鼠标右键,在弹出的快捷菜单中选择"复制通道"命令,此时将会出现一个新的"蓝拷贝"通道,如图7-28所示。

图7-28 新建"蓝拷贝"通道

(3)使用"魔棒工具"选出天空选区,注意不要选中马头上的白色区域。按 Ctrl + M 组合键,在弹出的"曲线"对话框中调整曲线,如图7-29所示,制作出黑白差距较大的效果,如图7-30所示。

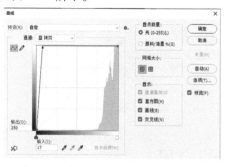
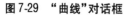

图7-29 "曲线"对话框   **图7-30 拉大黑白差距**

(4)按 Shift + Ctrl + I 组合键进行反相,使用"曲线"命令将马的颜色调成黑色,如图7-31、图7-32所示。

(5)回到"图层"面板,为图层添加图层蒙版,天空部分就被完整地去除了,如图7-33所示。

(6)导入背景素材,将其放置在"图层"面板的最底层,调整位置和大小,效果如图7-34所示。

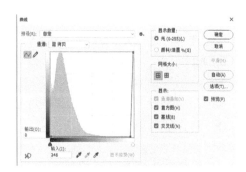

图 7-31　应用"曲线"命令

图 7-32　将马调成黑色

图 7-33　添加图层蒙版去除天空部分

图 7-34　调整后图像效果

课后练习

一、选择题

1. RGB 模式的图像,拥有几个原色通道?(　　　)

　A. 3　　　　　　　　　B. 4　　　　　　　　　C. 5　　　　　　　　　D. 6

2. Alpha 通道最主要的用途是什么?(　　　)

　A. 保存图像色彩信息　　　　　　　　B. 保存图像未修改前的状态

C. 用来存储和建立选区　　　　　　　　D. 保存路径

3. 在"通道"面板上按住什么功能键可以载入通道中的选区？（　　　）

　　A. Alt　　　　　　　B. Shift　　　　　　C. Ctrl　　　　　　D. Tab

4. 在 Photoshop 中有哪几种通道？（　　　）

　　A. 颜色通道　　　　　B. Alpha 通道　　　C. 专色通道　　　　D. 选区通道

5. 以下关于通道的说法中，正确的是（　　　）。

　　A. 通道可以存储选区

　　B. 通道中的白色部分表示被选择的区域，黑色部分表示未被选择的区域，无法倒
　　　　转过来

　　C. Alpha 通道可以删除，颜色通道和专色通道不可以删除

　　D. 选中图层蒙版时，会生成一个对应的临时通道

6. 下列关于通道的操作中错误的有（　　　）。

　　A. 通道可以被分离与合并　　　　　　　B. Alpha 通道可以被重命名

　　C. 通道可以被复制与删除　　　　　　　D. 复合通道可以被重命名

7. 当将 CMYK 模式的图像转换为多通道时，产生的通道名称是（　　　）。

　　A. 青色、洋红和黄色　　　　　　　　　B. 四个名称都是 Alpha 通道

　　C. 四个名称为 Black(黑色)的通道　　　D. 青色、洋红、黄色和黑色

二、判断题

1. 位图、灰度和索引模式图像不止一个通道。　　　　　　　　　　　（　　　）

2. 在 Photoshop 通道类型有三种，其中颜色通道不是通道。　　　　　（　　　）

3. 若要在同一文件中复制通道可直接将要复制的通道拖到"通道"调板底部的"创建
新通道"按钮上。　　　　　　　　　　　　　　　　　　　　　　　（　　　）

4. 利用通道选取图像时，黑色区域会被选中，白色区域不会被选中。　（　　　）

5. 通道就是用来保存图像的颜色数据和存储图像选区。　　　　　　　（　　　）

6. 通道的操作方法与图层不相似，不可以复制和删除。　　　　　　　（　　　）

三、实践操作题

1. 将图 7-35 人物的头发抠选出来，更换为纯色背景，效果如图 7-36 所示。

　　图 7-35　素材图　　　　　　　图 7-36　效果图

步骤提示：

（1）打开要处理的图片，如图7-35所示，分别选择"红""绿""蓝"通道，选择一个头发边缘对比度较好的通道，在此我们选择"红"通道。在工具箱中选择套索工具，沿着头发的边缘绘制选区，如图7-37所示。

（2）复制选区，得到通道 Alpha 1。

（3）按 Ctrl+M 键调出"曲线"对话框，调整曲线的状态，以增强图像的对比度。

（4）设置前景色为黑色，选择画笔工具并设置适当画笔大小，在头发边缘的白色杂边上进行涂抹，使头发边缘更干净，如图7-38所示。

 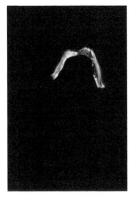

图7-37　通道选区　　　　　　　　图7-38　图像边缘涂抹效果

（5）单击"通道"面板中的 RGB 通道返回图像状态，在工具箱中选择钢笔工具，并在其工具选项条中选择"路径"选项，以及"排除重叠形状"选项。沿着人物的轮廓绘制路径（除头发边缘）。如图7-39（a）所示。

（6）按 Ctrl+Enter 键将当前的路径转换为选区，如图7-39（b）所示。

（7）切换至"通道"面板，按 Ctrl+Shift 键单击"Alpha 1"的缩览图以加入其选区。如图7-39（c）所示。

（a）　　　　　　　　（b）　　　　　　　　（c）

图7-39　创建选区效果

（8）按 Ctrl+J 键将选区中的图像复制到"图层 1 中"。选择"背景"图层单击创建新的填充或调整图层按钮，在弹出的菜单中选择"纯色"命令，然后在弹出的"拾取实色"对话框中设置其颜色值为492C1A。

第 8 章　运用滤镜特效

8.1　了解滤镜

滤镜本身是一种摄影器材,安装在相机上用于改变光源的色温,以符合摄影的目的和制作特殊效果的需求。在 Photoshop 中滤镜的功能非常强大,不仅可以制作一些常见的如素描、印象派绘画等特殊艺术效果,还可以创作出绚丽无比的创意图像。

8.1.1　滤镜的分类

Photoshop 中的滤镜可以分为特殊滤镜、滤镜组和外挂滤镜。Adobe 公司提供的内置滤镜显示在"滤镜"菜单中,第三方开发的滤镜可以作为增效工具使用,在安装外挂滤镜后,这些增效工具滤镜将出现在"滤镜"菜单的底部。

"滤镜库""自适应广角""Camera Raw 滤镜""镜头校正""液化"和"消失点"滤镜属于特殊滤镜;"风格化""模糊""扭曲""锐化""视频""渲染""杂色"和"其他"属于滤镜组;外挂滤镜在安装完成后显示在"滤镜"菜单底部,如图 8-1 所示。

图 8-1

8.1.2　滤镜的使用方法

1. 打开素材图像
为图像添加滤镜的方法有两种:

(1)执行"滤镜"—"滤镜库"命令,打开"滤镜库"对话框,如图 8-2 所示。从中选择合适的滤镜,然后适当调整参数设置,最后单击"确定"按钮结束。

(2)在"滤镜"菜单下,选择需要的滤镜。如给素材图片添加"风"滤镜效果,执行菜单"滤镜"—"风格化"—"风"命令,打开如图 8-3 所示对话框,然后适当调节对话框中的参数即可。

2. 滤镜的使用技巧和原则
(1)使用滤镜处理图层时,该图层必须是可见图层。

(2)如果图像中存在选区,则滤镜效果只应用在选区内,如果没有选区,则滤镜效果将应用于整个图像。

(3)滤镜效果以像素为单位计算,因此相同参数处理不同分辨率的图像,效果也不一样。

(4)只有"云彩"滤镜可以应用在没有像素的区域,其他滤镜都必须应用在包含像素的区域(某些外挂滤镜除外)。

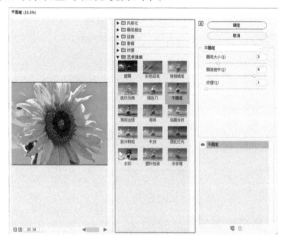
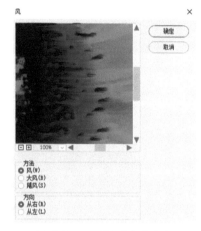

图 8-2 选择滤镜并调整参数设置　　　　图 8-3 设置"风"命令参数

(5)滤镜可以用来处理图层蒙版、快速蒙版和通道。

(6)在 CMYK 颜色模式下,某些滤镜将不可用;在索引和位图颜色模式下,所有滤镜都不可用。如果要对 CMYK、索引、位图颜色模式的图像应用滤镜,可以执行"图像"—"模式"—"RGB 颜色"命令,将图像模式转换为 RGB 模式后,再应用滤镜。

(7)当应用完一个滤镜后,"滤镜"菜单下的第一行会出现该滤镜的名称。执行该命令或按 Ctrl + Alt + F 组合键,可以按照上一次应用该滤镜的参数配置再次对图像应用该滤镜。

(8)滤镜的顺序对滤镜的总体效果有明显的影响。

8.2 特殊滤镜

8.2.1 滤镜库

1.认识滤镜库

"滤镜库"是一个优秀的功能,此功能改变了以往一次仅能够对图像应用一个滤镜的状态,取而代之的是可以对图像累积应用滤镜,可以通过命令滤镜层来为图像叠加多个命令,即可以在一次操作中重复使用某一个滤镜,在累积使用不同的滤镜时,还可以根据需要重新排列这些滤镜的应用顺序,以尝试不同的应用效果。

需要一提的是在 Photoshop CC 2017 中,默认情况下并没有显示出所有的滤镜,需要选择"编辑"—"首选项"—"增效工具"命令,在弹出的对话框中选择"显示滤镜库的所有组和名称"选项,显示出所有的滤镜。

选择"滤镜"—"滤镜库"命令后,即可弹出"滤镜库"对话框,如图 8-4 所示。

2.添加滤镜层

要添加滤镜层,可以在参数调整区的下方单击"新建效果图层"按钮,此时所添加的

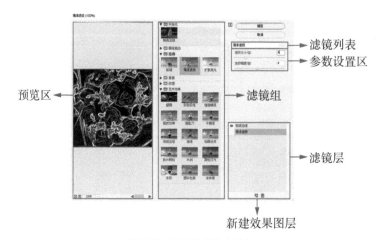

预览区 →

滤镜列表
参数设置区

滤镜组

滤镜层

新建效果图层

图8-4 "滤镜库"对话框

新滤镜层将延续上一个滤镜层的命令及参数。可以根据需要执行以下操作：

（1）要使用同一滤镜命令，以增加该滤镜的效果，则无须改变此设置，通过调整新滤镜层上的参数，即可得到满意的效果。

（2）要叠加不同的滤镜命令，可以选择该新增的滤镜层，在命令选区中选择一个新的滤镜命令，此时参数调整区域中的参数将同时发生变化，调整这些参数，即可得到满意的效果。

（3）如果使用两个滤镜层仍然无法得到满意的效果，可以按同样的方法再新增滤镜层并修改命令或参数，直至得到满意的效果。

（4）如果尝试查看在某些滤镜层未添加时所得到的图像的效果，可以单击该滤镜层左侧的眼睛图标，将其隐藏起来。

（5）对于不再需要的滤镜层，可以将其删除，要删除这些图层，可以通过单击将其选中，然后单击"删除效果图层"按钮即可。

3. 滤镜层的其他相关操作

与操作普通的图层一样，用户可以在"滤镜库"对话框中复制、删除或隐藏这些滤镜效果图层，从而将这些滤镜命令得到的效果叠加起来，得到更加丰富的效果，下面来分别讲解与滤镜层相关的操作。

（1）重排滤镜顺序。滤镜效果是按照它们的选择顺序应用的，在应用滤镜之后，可通过在已应用的滤镜列表中将滤镜名称拖动到另一个位置来重新排列。重新排列滤镜效果可显著改变图像的外观。

（2）隐藏滤镜。单击滤镜旁边的眼睛图标，可以屏蔽该滤镜，从而在预览图像中隐藏此滤镜产生的效果。

（3）删除滤镜。可以通过选择滤镜并单击"删除效果图层"按钮来删除已应用的滤镜。

8.2.2 液化

利用"滤镜"—"液化"命令，可以通过交互方式推、拉、旋转、反射、折叠和膨胀图像的任意区域,使图像变换成所需要的艺术效果,在照片处理中,经常用于校正和美化人物形体。Photoshop CC 2017 中进一步强化了该命令的功能,增加了人脸识别功能,从而更方便、精准地对人物面部五官及轮廓进行修饰,"液化"对话框如图 8-5 所示。

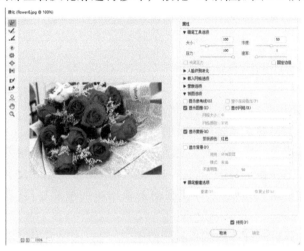

图 8-5 　"液化"对话框

1. 工具箱

工具箱是"液化"命令的重要功能,其中工具的介绍如下。

向前变形工具 :在图像上拖动,可以使图像的像素随着涂抹产生变形。

重建工具 :扭曲预览图像之后,使用此工具可以完全或部分地恢复更改。

平滑工具 :用来平滑调整后的图像边缘。

顺时针旋转扭曲工具 :使用该工具在图像中单击鼠标左键或移动鼠标时,图像会被顺时针旋转扭曲;当按住 Alt 键单击鼠标左键时,图像则会被逆时针旋转扭曲。

褶皱工具 :使用该工具在图像中单击鼠标左键或移动鼠标时,可以使像素向画笔中间区域的中心移动,使图像产生收缩的效果。

膨胀工具 :使用该工具在图像中单击鼠标左键或移动鼠标时,可以使像素向画笔中心区域以外的方向移动,使图像产生膨胀的效果。

左推工具 :该工具的使用可以使图像产生挤压变形的效果。使用该工具垂直向上拖动鼠标时,像素向左移动;向下拖动鼠标时,像素向右移动。当按住 Alt 键垂直向上拖动鼠标时,像素向右移动;向下拖动鼠标时,像素向左移动。若使用该工具围绕对象顺时针拖动鼠标,可增加其大小;若顺时针拖动鼠标,则减小其大小。

冻结蒙版工具 :使用该工具可以在预览窗口绘制出冻结区域,在调整时,冻结区域内的图像不会受到变形工具的影响。

解冻蒙版工具 :使用该工具涂抹冻结区域能够解除该区域的冻结。

脸部工具 :此工具是 Photoshop CC 2017 中新增的、专用于面部轮廓及五官进行处

理的工具,以快速实现调整眼睛大小、改变脸形、调整嘴唇形态等处理。其功能与右侧"人脸识别液化"区域中的参数息息相关,

抓手工具：放大图像的显示比例后,可使用该工具移动图像,以观察图像的不同区域。

缩放工具：使用该工具在预览区域中单击可放大图像的显示比例;按下 Alt 键在该区域中单击,则会缩小图像的显示比例。

2. 画笔工具选项

画笔工具选项是用来设置当前所选工具的各项属性。

大小:设置使用上述各工具操作时,图像受影响区域的大小。

浓度:设置画笔边缘的影响程度。数值越大,对画笔边缘的影响力就越大。

压力:设置使用上述各工具操作时,一次操作影响图像的程度大小。

速率:用来设置重建、膨胀等工具在画面上单击时的扭曲速度,该值越大,扭曲速度越快。

光笔压力:当计算机配置有数位板和压感笔时,勾选该项可通过压感笔的压力控制工具的属性。

固定边缘:选中后可避免在调整文档边缘的图像时,导致边缘出现空白。

3. 人脸识别液化

重建选项:用来设置重建的方式,以及撤销所做的调整。

模式:在该选项的下拉列表中可以选择重建的模式。列表中包括"刚性""生硬""平滑""松散""恢复"这五个选项。

重建:单击该按钮可对图像应用重建效果一次,单击多次即可对图像应用多次重建效果。

恢复全部:单击该按钮可以去除扭曲效果,冻结区域中的扭曲效果同样会被去除。

蒙版选项:当图像中包含选区或蒙版时,可以通过蒙版选项对蒙版的保留方式进行设置。

替换选区:显示原图像中的选区、蒙版或者透明度。

添加到选区:显示原图像中的蒙版,此时可以使用冻结工具添加到选区。

向前变形工具:该工具可以移动图像中的像素,得到变形的效果。

8.2.3 镜头校正—修复镜头瑕疵

"镜头校正"滤镜的功能非常强大,它可以用于校正数码照片的各种问题如畸变、色差及暗角等,用于在校正时选用,这对于使用数码相机的摄影师而言无疑是极为有利的。

选择"滤镜"—"镜头校正"命令,则弹出如图 8-6 所示的对话框。

1. 工具箱

工具箱中显示了用于对图像进行查看和编辑的工具,下面介绍主要工具的功能。

移去扭曲工具：使用该工具在图像中拖动可以校正图像的凸起或凹陷状态。

拉直工具：绘制一条直线,将图像拉直到新的横轴或纵轴以校正画面的倾斜。

移动网格工具 ：使用工具可以拖动"图像编辑区"中的网格,使其与图像对齐。

2."自定"选项卡

"自定"选项卡如图 8-7 所示,其中的参数介绍如下。

图 8-6　"镜头校正"命令　　　　　　　　图 8-7　"自定"选项卡

几何扭曲:"移去扭曲"选项主要用来校正镜头桶形失真或枕形失真。数值为正时,图像向外扭曲;数值为负时,图像将向中心扭曲。

色差:用于校正可能产生的紫、青、蓝等不同的边缘色差。

修复红/青边:在此输入数值或拖动滑块,可以去除照片中的红色或青色色痕。

修复绿/洋红边:在此输入数值或拖动滑块,可以去除照片中的绿色或洋红色痕。

修复蓝/黄边:在此输入数值或拖动滑块,可以去除照片中的蓝色或黄色色痕。

晕影:校正在照片周围由于镜头缺陷或镜头遮光处理不当而产生的暗角。

"数量"选项用于设置沿图像边缘变亮或变暗的程度。

"中点"用来指定受"数量"数值影响的区域的宽度。

变换:"垂直透视"选项用于校正相机向上或向下倾斜而导致的透视错误,设置"垂直透视"为－100 时,可以将其变换为俯视效果;设置"垂直透视"为 100 时,可以将其变换为仰视效果。

"水平透视"选项用于校正图像在水平方向上的透视效果。

"角度"选项用于旋转图像,以针对相机歪斜加以校正。

"比例"选项用来控制镜头校正的比例。

8.2.4　"自适应广角"滤镜—矫正广角变形

在 Photoshop CS 6 中,新增了专用于校正广角透视及变形问题的功能,即"自适应广角"命令,使用它可以自动读取照片的 EXIF 数据,并进行校正,也可以根据使用的镜头类型(如广角、鱼眼等)来选择不同的校正选项,配合约束工具和多边形约束工具的使用,达到校正透视变形的目的。

选择"滤镜"—"自适应广角"命令,将弹出如图 8-8 所示的对话框。

工具介绍如下:

约束工具 ：单击图像或拖动端点可添加或编辑约束。按住 Shift 键单击可添加水

图 8-8 "自适应广角"命令对话框

平/垂直约束;按住 Alt 键单击可删除约束。

多边形约束工具：单击图像或拖动端点可添加或编辑约束。按住 Shift 键单击可添加水平/垂直约束;按住 Alt 键单击可删除约束。

移动工具 ✛:拖动以在画布中移动内容。

抓手工具：放大窗口的显示比例后,可以使用该工具移动画面。

缩放工具 Q:单击即可放大窗口的显示比例,按住 Alt 键单击即可缩小显示比例。

校正:在此下拉菜单中,可以选择不同的校正选项,其中包括了"鱼眼""透视""自动""完整球面"等 4 个选项,选择不同的选项时,下面的可调整参数也各有不同。

缩放:此参数用于控制当前图像的大小。校正透视后,会在图像周围形成不同大小范围的透视区域,此时就可以通过调整"缩放"参数,来裁掉透视区域。

焦距:在此可以设置当前照片在拍摄时所使用的镜头焦距。

裁剪因子:在此处可以调整照片裁剪的范围。

细节:在此区域中,将放大显示当前光标所在的位置,以便于进行精细调整。

8.2.5 智能滤镜

1.认识智能滤镜

应用于智能对象的任何滤镜都是智能滤镜。智能滤镜将出现在"图层"面板中应用这些智能滤镜的智能对象图层的下方。由于可以调整、移去或隐藏智能滤镜,这些滤镜是非破坏性的。如右键单击普通图层选择"转换为智能对象"命令,再执行"滤镜"—"扭曲"—"波浪"命令,观察原图、效果图、图层面板如图 8-9 所示。

2.智能滤镜与普通滤镜的区别

在 Photoshop 中,普通滤镜是通过改变图层的像素来生成效果的。图 8-10 所示是"球面化"滤镜处理后所呈现的效果,可以从图层面板中看到,图层的像素已经被修改了,如果这时保存,就无法恢复原来的效果。

应用普通滤镜后的效果,如图 8-11 所示。

图 8-9　原图、效果图、图层面板

图 8-10　应用"球面化"滤镜处理效果

图 8-11　应用普通滤镜效果

　　智能滤镜是一种非破坏性的滤镜,它不会改变图像的原始数据,只将滤镜效果应用于智能对象上,而最终图像所呈现的效果是和普通滤镜一样的,如图 8-10 所示。

　　智能滤镜包含一个类似于图层样式的列表,列表中标明了所使用的滤镜,只要单击智能滤镜前面的眼睛图标,或者将智能滤镜删除,就可恢复原来的图像。关掉智能滤镜呈现原始图像,如图 8-12 所示。

　　提示:

　　(1)要使用智能滤镜,首先需要将普通图层转换为智能对象。在普通图层的缩略图上单击鼠标右键,在弹出的快捷菜单中执行"转换为智能对象"命令,即可将普通图层转换为智能对象。

　　(2)除"镜头模糊"滤镜外,其他滤镜都可以作为智能滤镜应用。另外,"图像"—"调整"菜单下的"应用"—"高光"和"变化"命令也可以作为智能滤镜来使用。

图 8-12　关掉智能滤镜

8.3　滤镜组

8.3.1　"风格化"滤镜

"风格化"滤镜是通过置换像素和通过查找并增加图像的对比度,在选区中生成绘画或印象派的效果。它是完全模拟真实艺术手法进行创作的。命令组菜单如图 8-13 所示。

在使用"查找边缘"和"等高线"等突出显示边缘的滤镜后,可应用"反相"命令用彩色线条勾勒彩色图像的边缘或用白色线条勾勒灰度图像的边缘。参考效果如图 8-14 所示。

查找边缘:用于标识图像中有明显过渡的区域并强调边缘。与"等高线"滤镜一样,"查找边缘"在白色背景上用深色线条勾画图像的边缘,并对于在图像周围创建边框非常有用。

图 8-13　"风格化"命令组菜单

原始图

图 8-14　查找边缘、等高线应用效果

等高线:用于查找主要亮度区域的过渡,并对于每个颜色通道用细线勾画它们,得到与等高线图中的线相似的结果。

风:风用于在图像中创建细小的水平线以及模拟刮风的效果。(具有风、大风、飓风等功能)

浮雕效果：通过将选区的填充色转换为灰色，并用原填充色描画边缘，从而使选区显得凸起或压低。

扩散：根据选中的以下选项搅乱选区中的像素，使选区显得不十分聚焦，有一种溶解一样的扩散效果，对象是字体时，该效果呈现在边缘。三种滤镜效果依次如图 8-15 所示。

图 8-15　风、浮雕效果、扩散三种滤镜效果

拼贴：将图像分解为一系列拼贴（像瓷砖方块）并使每个方块上都含有部分图像。

曝光过度：混合正片和负片图像，与在冲洗过程中将照片简单地曝光以加亮相似。

凸出：凸出滤镜可以将图像转化为三维立方体或锥体，以此来改变图像或生成特殊的三维背景效果。三种滤镜效果依次如图 8-16 所示。

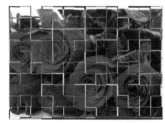

图 8-16　拼贴、曝光过度、凸出三种滤镜应用效果

"油画"滤镜可以快速、逼真的处理出油画的效果。选择"滤镜"—"风格化"—"油画"命令在弹出对话框的右侧可以设置其参数，如图 8-17 所示，应用效果如图 8-18 所示。

图 8-18　"油画"滤镜应用效果

描边样式：此参数用于控制油画纹理的圆滑程度。数值越大，则油画的纹理显得更平滑。

描边清洁度：此参数用于控制油画效果表面的干净程序，数值越大，则画面越显干净；反之，数值越小，可以获得更多的纹理

图 8-17　"油画"对话框

和细节,整体显得笔触较重。

缩放:此参数用于控制油画纹理的缩放比例。

硬笔刷细节:此参数用于控制笔触的轻重。数值越小,则纹理的立体感就越小。

角度:此参数用于控制光照的方向,从而使画面呈现出不同的光线从不同方向进行照射时的不同方向的立体感。

闪亮:此参数用于控制光照的强度。此数值越大,则光照的效果越强,得到的立体感效果也越强。

8.3.2 "模糊"滤镜

在 Photoshop 中模糊滤镜效果共包括 11 种滤镜,模糊滤镜可以使图像中过于清晰或对比度过于强烈的区域产生模糊效果。它通过平衡图像中已定义的线条和遮蔽区域的清晰边缘旁边的像素,使变化显得柔和。

执行"滤镜"—"模糊"命令,出现如图 8-19 所示的子菜单。

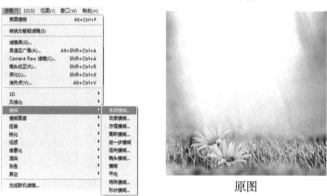

原图

图 8-19 "滤镜"—"模糊"子菜单及原图

1. 表面模糊

在保留边缘的同时模糊图像。此滤镜用于创建特殊效果并消除杂色或粒度。"半径"选项指定模糊取样区域的大小。"阈值"选项控制相邻像素色调值与中心像素值相差多大时才能成为模糊的一部分。色调值差小于阈值的像素被排除在模糊之外。应用效果及参数对话框如图 8-20 所示。

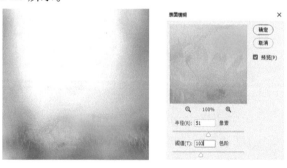

图 8-20 "表面模糊"滤镜应用效果及参数对话框

2. 动感模糊

"动感模糊"滤镜可以产生动态模糊的效果,此滤镜的效果类似于以固定的曝光时间给一个移动的对象拍照。应用效果及参数对话框如图 8-21 所示。

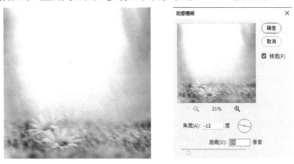

图 8-21　"动感模糊"滤镜应用效果及参数对话框

3. 方框模糊

基于相邻像素的平均颜色值来模糊图像。此滤镜用于创建特殊效果。可以调整用于计算给定像素的平均值的区域大小;半径越大,产生的模糊效果越好,应用效果及参数对话框如图 8-22 所示。

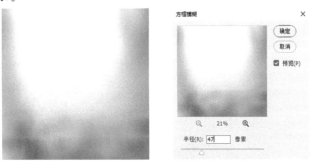

图 8-22　"方框模糊"滤镜应用效果及参数对话框

4. 高斯模糊

"高斯"是指将加权平均应用于像素时生成的钟形曲线。"高斯模糊"滤镜添加低频细节,并产生一种朦胧效果。在进行字体的特殊效果制作时,在通道内经常应用此滤镜的效果。应用效果及参数对话框如图 8-23 所示。

图 8-23　"高斯模糊"滤镜应用效果及参数对话框

5. 进一步模糊

"进一步模糊"滤镜生成的效果比"模糊"滤镜强 3 ~ 4 倍。对比应用 9 次"进一步模糊"滤镜的图像效果和应用 22 次的差别,如图 8-24 所示。

图 8-24 应用 9 次"进一步模糊"滤镜的图像效果和应用 22 次的差别

6. 径向模糊

模拟前后移动相机或旋转相机所产生的模糊效果。包含两种模糊方法:旋转和缩放,应用效果及参数对话框如图 8-25 所示。

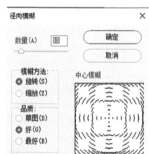

图 8-25 "径向模糊"滤镜应用效果及参数对话框

7. 镜头模糊

向图像中添加模糊以产生更窄的景深效果,以便使图像中的一些对象在焦点内,而使另一些区域变模糊。应用效果及参数对话框如图 8-26 所示。

图 8-26 "镜头模糊"滤镜应用效果及参数对话框

8.模糊

产生轻微的模糊效果。多次应用"模糊滤镜"的效果如图 8-27 所示。

9.平均

找出图像或选区的平均颜色,然后用该颜色填充图像或选区以创建平滑的外观。例如,如果您选择了草坪区域,该滤镜会将该区域更改为一块均匀的绿色部分,如图 8-28 所示。

图 8-27　多次应用"模糊滤镜"的效果　　　图 8-28　"平均"滤镜应用效果

10.特殊模糊

"特殊模糊"滤镜可以产生一种清晰边界的模糊。该滤镜能够找到图像边缘并只模糊图像边界线以内的区域,应用效果及参数对话框如图 8-29 所示。

图 8-29　"特殊模糊"滤镜应用效果及参数对话框

11.形状模糊

使用指定的内核来创建模糊。从自定形状预设列表中选取一种内核,并使用"半径"滑块来调整其大小。通过单击三角形并从列表中进行选取,可以载入不同的形状库。半径决定了内核的大小;内核越大,模糊效果越好,应用效果及参数对话框如图 8-30 所示。

提示:当"高斯模糊""方框模糊""动感模糊"或"形状模糊"应用于选定的图像区域时,会在选区的边缘附近产生意外的视觉效果。其原因是,这些模糊滤镜将使用选定区域之外的图像数据在选定区域内部创建新的模糊像素。例如,如果选区表示在保持前景清晰的情况下想要进行模糊处理的背景区域,则模糊的背景区域边缘将会沾染上前景中的颜色,从而在前景周围产生模糊、浑浊的轮廓。在这种情况下,为了避免产生此效果,可以使用"特殊模糊"或"镜头模糊"。

图8-30　"形状模糊"滤镜应用效果及参数对话框

8.3.3　"模糊画廊"滤镜

从 Photoshop CC 2015 开始,建立了"模糊画廊"这一滤镜分类,执行"滤镜"—"模糊画廊"子菜单如图 8-31 所示,其中包含了 5 种滤镜。

图8-31　"模糊画廊"子菜单

1. 模糊画廊的工作界面

选择"滤镜"—"模糊画廊"子菜单中的任意一个滤镜后,工具栏将变成如图 8-32 所示的状态,并在 Photoshop 工作界面右侧弹出"模糊工具""效果""动感效果"及"杂色"面板,如图 8-32 所示,其中"效果"面板仅适用于"场景模糊""光圈模糊"及"移轴模糊"滤镜,"动感效果"面板仅适用于"路径模糊"和"旋转模糊"滤镜。

图8-32　"模糊画廊"工作界面

2. 场景模糊

执行"滤镜"—"模糊画廊"—"场景模糊",效果如图 8-33 所示。

场景模糊:对整个场景进行模糊,可以在相应的面板中设置参数控制模糊的程度。

光圈模糊:模拟相机对图像进行光圈设定模糊,可设置光圈的位置、大小及模糊程度。

路径模糊:可以制作沿一条或多条路径运动的模糊效果,并可以控制形状和模糊量。

旋转模糊:可以为对象增加逼真的旋转模糊效果。

移轴模糊:可用于模拟移轴镜头拍摄出的改变画面景深的效果,如图 8-34 所示。

原图　　　　　　　　　场景模糊

图 8-33　"场景模糊"应用效果

光圈模糊　　　　　　　路径模糊

旋转模糊　　　　　　　移轴模糊

图 8-34　"模糊画廊"滤镜应用效果

8.3.4　"扭曲"滤镜

扭曲滤镜(Distort)是 Photoshop"滤镜"菜单下的一组滤镜,共 12 种。这一系列滤镜都是用几何学的原理来把一幅影像变形,以创造出三维效果或其他的整体变化。每一个滤镜都能产生一种或数种特殊效果,但都离不开一个特点:对影像中所选择的区域进行变形、扭曲。

执行"滤镜"—"扭曲"命令,子菜单如图 8-35 所示。

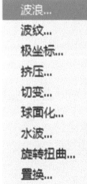

图 8-35　"扭曲"命令子菜单

1. 波浪滤镜

作用:使图像产生波浪扭曲效果,应用效果及对话框如图 8-36 所示。

生成器数:控制产生波的数量,范围是 1 ~ 999。

波长:其最大值与最小值决定相邻波峰之间的距离,两值相互制约,最大值必须大于或等于最小值。

波幅:其最大值与最小值决定波的高度,两值相互制约,最大值必须大于或等于最小值。

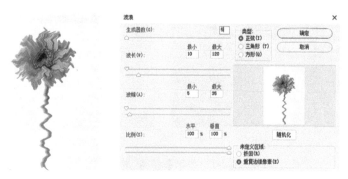

图 8-36 "波浪"滤镜应用效果及对话框

比例:控制图像在水平方向或垂直方向上的变形程度。

类型:有三种类型可供选择,分别是正弦、三角形和方形。

随机化:每单击一下此按钮都可以为波浪指定一种随机效果。

折回:将变形后超出图像边缘的部分反卷到图像的对边。

重复边缘像素:将图像中因为弯曲变形超出图像的部分分布到图像的边界上。

2. Ripple 波纹滤镜

作用:可以使图像产生类似水波纹的效果,应用效果及对话框如图 8-37 所示。

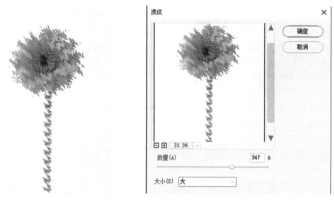

图 8-37 "Ripple 波纹"滤镜应用效果及对话框

数量:控制波纹的变形幅度,范围是 $-999\% \sim 999\%$ 。

大小:有大、中和小三种波纹可供选择。

3. 极坐标滤镜

作用:可将图像的坐标从平面坐标转换为极坐标或从极坐标转换为平面坐标,应用效果及对话框如图 8-38 所示。

平面坐标到极坐标:将图像从平面坐标转换为极坐标。

极坐标到平面坐标:将图像从极坐标转换为平面坐标。

4. 挤压滤镜

作用:使图像的中心产生凸起或凹下的效果,应用效果及对话框如图 8-39 所示。

数量:控制挤压的强度,正值为向内挤压,负值为向外挤压,范围是 $-100\% \sim 100\%$ 。

图 8-38　"极坐标"滤镜应用效果及对话框

图 8-39　"挤压"滤镜应用效果及对话框

5. 切变滤镜

作用:可以控制指定的点来弯曲图像,应用效果及对话框如图 8-40 所示。

图 8-40　"切变"滤镜应用效果及对话框

折回:将切变后超出图像边缘的部分反卷到图像的对边。

重复边缘像素:将图像中因为切变变形超出图像的部分分布到图像的边界上。

6. 球面化滤镜

作用:可以使选区中心的图像产生凸出或凹陷的球体效果,类似挤压滤镜的效果,应用效果及对话框如图 8-41 所示。

调节参数如下:

数量:范围是 −100% ~ 100% 。

图 8-41 "球面化"滤镜应用效果及对话框

模式有三种：

正常：在水平方向和垂直方向上共同变形。

水平优先：只在水平方向上变形。

垂直优先：只在垂直方向上变形。

7. 水波滤镜

作用：使图像产生同心圆状的波纹效果，应用效果及对话框如图 8-42 所示。

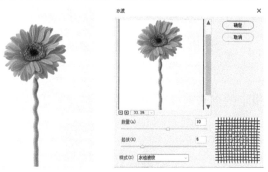

图 8-42 "水波"滤镜应用效果及对话框

调节参数如下：

数量：为波纹的波幅。

起伏：控制波纹的密度。

样式如下：

围绕中心：将图像的像素绕中心旋转。

从中心向外：靠近或远离中心置换像素。

水池波纹：将像素置换到中心的左上方和右下方。

8. 旋转扭曲滤镜

作用：使图像产生旋转扭曲的效果，应用效果及对话框如图 8-43 所示。

角度：调节旋转的角度，范围是 −999 ~ 999 度。

9. 置换滤镜

作用：可以产生弯曲、碎裂的图像效果。置换滤镜比较特殊的是设置完毕后，还需要选择一个图像文件作为位移图，滤镜根据位移图上的颜色值移动图像像素，应用效果及对

图 8-43　"旋转扭曲"滤镜应用效果及对话框

话框如图 8-44 所示。

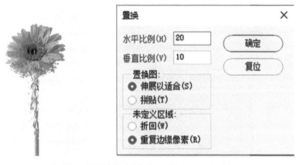

图 8-44　"置换"滤镜应用效果及对话框

水平比例:滤镜根据位移图的颜色值将图像的像素在水平方向上移动多少。

垂直比例:滤镜根据位移图的颜色值将图像的像素在垂直方向上移动多少。

伸展以适合:为变换位移图的大小以匹配图像的尺寸。

拼贴:将位移图重复覆盖在图像上。

折回:将图像中未变形的部分反卷到图像的对边。

重复边缘像素:将图像中未变形的部分分布到图像的边界上。

10. 玻璃滤镜

作用:使图像看上去如同隔着玻璃观看一样,此滤镜不能应用于 CMYK 和 Lab 模式的图像。执行"滤镜"—"滤镜库"命令,单击"扭曲"图标展开该组滤镜,选择"玻璃"滤镜应用效果及对话框如图 8-45 所示。

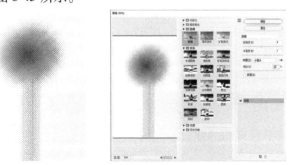

图 8-45　"玻璃"滤镜应用效果及对话框

扭曲度:控制图像的扭曲程度,范围是 0～20。

平滑度:平滑图像的扭曲效果,范围是 1～15。

纹理:可以指定纹理效果,可以选择现成的结霜、块、画布和小镜头纹理,也可以载入别的纹理。

缩放:控制纹理的缩放比例。

反相:使图像的暗区和亮区相互转换。

11. 海洋波纹滤镜

作用:使图像产生普通的海洋波纹效果,此滤镜不能应用于 CMYK 和 Lab 模式的图像,应用效果及对话框如图 8-46 所示。

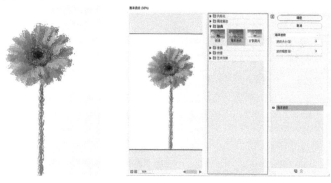

图 8-46 "海洋波纹"滤镜应用效果及对话框

波纹大小:调节波纹的尺寸。

波纹幅度:控制波纹振动的幅度。

12. 扩散亮光滤镜

作用:向图像中添加透明的背景色颗粒,在图像的亮区向外进行扩散添加,产生一种类似发光的效果。此滤镜不能应用于 CMYK 和 Lab 模式的图像,应用效果及对话框如图 8-47 所示。

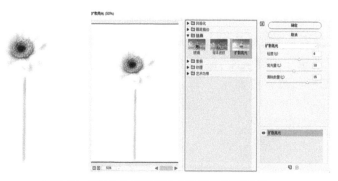

图 8-47 "扩散亮光"滤镜应用效果及对话框

粒度:为添加背景色颗粒的数量。

发光量:增加图像的亮度。

清除数量:控制背景色影响图像的区域大小。

8.3.5 "锐化"滤镜

应用锐化工具可以快速聚焦模糊边缘,提高图像中某一部位的清晰度或者焦距程度,使图像特定区域的色彩更加鲜明。在应用锐化工具时,若勾选其选项栏中的"对所有图层取样"复选框,则可对所有可见图层中的图像进行锐化,但一定要适度。锐化不是万能的,很容易使东西不真实。

1. USM 锐化滤镜

USM 锐化是一个常用的技术,简称 USM,是用来锐化图像中的边缘的。可以快速调整图像边缘细节的对比度,并在边缘的两侧生成一条亮线一条暗线,使画面整体更加清晰。对于高分辨率的输出,通常锐化效果在屏幕上显示比印刷出来的更明显。应用效果及对话框如图 8-48 所示。

图 8-48 "USM 锐化"滤镜应用效果及对话框

作用:改善图像边缘的清晰度。

调节参数如下:

数量:控制锐化效果的强度。

半径:指定锐化的半径。该设置决定了边缘像素周围影响锐化的像素数。图像的分辨率越高,半径设置应越大。

阈值:指相邻像素之间的比较值。该设置决定了像素的色调必须与周边区域的像素相差多少才被视为边缘像素,进而使用 USM 滤镜对其进行锐化。默认值为 0,这将锐化图像中所有的像素。

2. 防抖滤镜

"防抖"功能是用来修补相机抖动而产生的画面模糊。

打开一张素材图片,执行"滤镜"—"锐化"—"防抖"命令,在打开的"防抖"窗口中软件会分析相机在拍摄过程中的移动方向,然后应用一个反向补偿,消除模糊画面,如图 8-49 所示。

模糊评估工具:该工具用来确定所需锐化的区域。

Photoshop 图像处理基础教程

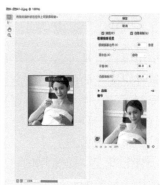

图 8-49 "防抖"滤镜应用效果及对话框

模糊方向工具:用来更改模糊区域的大小。

抓手工具:用来移动图像在窗口中显示的位置。

缩放工具:用来放大或缩小图像在窗口中显示的大小。按住 Alt 键时可以切换为"缩小镜"。

模糊描摹边界:用来指定模糊描摹的边界。

杂质源:用来指定源图像杂质。单击倒三角按钮可以显示"自动""低""中"和"高"四个选项。

平滑:用来减少锐化导致的杂色。

伪像抑制:用来抑制较大的伪像。

高级:单击该按钮可以在缩览图中观察模糊评估区域的效果,如图 8-50 所示。选择缩览图,单击"删除描摹"按钮即可删除模糊评估区域。单击"添加建议的模糊描摹"按钮,可以智能添加需要模糊描摹的区域。

细节:用来观察模糊区域的细节,单击"取消停放细节"按钮,可以将细节窗口弹出,如图 8-51 所示。

图 8-50 "高级"工具对话框

图 8-51 "细节"窗口

3. 进一步锐化

进一步锐化滤镜可以产生强烈的锐化效果,用于提高对比度和清晰度。

"进一步锐化"滤镜比"锐化"滤镜应用更强的锐化效果。应用"进一步锐化"滤镜可

· 182 ·

以获得执行多次"锐化"滤镜的效果。如图 8-52 所示为应用一次"进一步锐化"滤镜后的效果。

图 8-52　应用一次"进一步锐化"滤镜后的效果

4. 锐化滤镜

锐化滤镜可以通过增加相邻像素点之间的对比,使图像清晰化,提高对比度,使画面更加鲜明。此滤镜锐化程度较为轻微。

5. 锐化边缘滤镜

锐化边缘滤镜只锐化图像的边缘,同时保留总体的平滑度。使用此滤镜在不指定数量的情况下锐化边缘。

6. 智能锐化滤镜

"智能锐化"滤镜的功能比较强大,它具有独特的锐化选项,可以设置锐化算法、控制阴影和高光区域的锐化量。如图 8-53 所示为原始图像与"智能锐化"对话框。

图 8-53　原始图像与"智能锐化"对话框

（1）设置基本选项。在"智能锐化"对话框中选中"基本"单选按钮,可以设置"智能锐化"滤镜的基本锐化功能。

设置:单击"存储当前设备的拷贝"按钮,可以将当前设置的锐化参数存储为预设参数;单击"删除当前设置"按钮,可以删除当前选择的自定义锐化配置。

数量:用来设置锐化的精细程度。数值越大,越能强化边缘之间的对比度,如图 8-54 所示是设置"数量"分别为 100% 和 500% 时的锐化效果。

半径:用来设置受锐化影响的边缘像素的数量。数值越大,受影响的边缘就越宽,锐化的效果也越明显,如图 8-55 所示是设置"半径"分别为 3 像素和 6 像素时的锐化效果。

图 8-54　设置"数量"分别为
100% 和 500% 时的锐化效果

图 8-55　"半径"分别为 3 像素
和 6 像素时的锐化效果

移去:选择锐化图像的算法。选择"高斯模糊"选项,可以使用"USM 锐化"滤镜的方法锐化图像;选择"镜头模糊"选项,可以查找图像中的边缘和细节,并对细节进行更加精细的锐化,以减少锐化的光晕;选择"动感模糊"选项,可以激活下面的"角度"选项,通过设置"角度"值减少相机或对象移动而产生的模糊效果。

更加准确:选中该复选框,可以使锐化效果更加精确。

(2)设置高级选项。在"智能锐化"对话框中的高级选项中有"阴影"和"高光"两个选项。其中它们有三个相同的设置,选项分别是"渐隐量""色调宽度"和"半径"如图 8-53 所示,这一个选项的设置方式是相同的。

渐隐量:用于设置阴影或高光中的锐化程度。

色调宽度:用于设置阴影和高光中色调的修改范围。

半径:用于设置每个像素周围的区域的大小。

8.3.6　"视频"滤镜

"视频"滤镜组包含"NTSC 颜色"和"逐行"两种滤镜,可以处理从隔行扫描方式的设备中提取的图像。

1. NTSC 颜色

"NTSC 颜色"滤镜可以将色域限制在电视重现可接受的范围内,以防止过饱和颜色渗到电视扫描行中。

2. 逐行

"逐行"滤镜可以移去视频图像中的奇数或偶数隔行线,使在视频上捕捉的运动图像变得平滑,如图 8-56 所示是"逐行"对话框。

消除:用来控制消除逐行的方式,包括"奇数行"和"偶数行"两种。

创建新场方式:用来设置消除场以后用何种方式来填充空白区域。选中"复制"单选按钮,可以复制被删除部分周围的像素来填充空白区域;选中"插值"单选按钮,可以利用被删除部分周围的像素,通过插值的方式进行填充。

8.3.7　"像素化"滤镜

"像素化"滤镜组可以将图像进行分块或平面化处理,"彩块化""彩色半调""点状化""晶格化""马赛克""碎片"和"铜版雕刻"7 种滤镜。

1. 彩块化

"彩块化"滤镜无须设置参数就可以将纯色或相近色的像素结成相近颜色的像素块,常用来制作手绘图像、抽象派绘画等艺术效果。如图 8-57 所示为原始图像及应用"彩块化"滤镜以后的效果。

2. 彩色半调

"彩色半调"滤镜可以模拟在图像的每个通道上使用放大的半调网屏的效果。如图 8-58 所示为原始图像、应用"彩色半调"滤镜以后的效果及"彩色半调"对话框。

图 8-56　"逐行"对话框

图 8-57　原始图像及应用"彩块化"滤镜以后的效果

图 8-58　原始图像、应用"彩色半调"滤镜以后的效果及"彩色半调"对话框

最大半径:用来设置生成的最大网点的半径。

网角(度):用来设置图像各个原色通道的网点角度。

3. 点状化

"点状化"滤镜可以将图像中的颜色分解成随机分布的网点,并使用背景色作为网点之间的画布区域。如图 8-59 所示为原始图像、应用"点状化"滤镜以后的效果及"点状化"对话框。

单元格大小:用来设置每个多边形色块的大小。

4. 晶格化

"晶格化"滤镜可以使图像中颜色相近的像素结块形成多边形纯色。如图 8-60 所示为原始图像、应用"晶格化"滤后的效果及"晶格化"对话框。

单元格大小:用来设置每个多边形色块的大小。

图 8-59　原始图像、应用"点状化"滤镜以后的效果及"点状化"对话框

图 8-60　原始图像、应用"晶格化"滤后的效果及"晶格化"对话框

5. 马赛克

"马赛克"滤镜可以使像素结为方形色块，创建出类似于马赛克的效果。如图 8-61 所示为原始图像、应用"马赛克"后的效果及"马赛克"对话框。

图 8-61　原始图像、应用"马赛克"后的效果及"马赛克"对话框

　　单元格大小：用来设置每个多边形色块的大小。

6. 碎片

"碎片"滤镜可以将图像中的像素复制 4 次，然后将复制的像素平均分布，并使其相互偏移（该滤镜没有参数设置对话框）。如图 8-62 所示为原始图像及应用"碎片"滤镜以后的效果。

图 8-62　原始图像及应用"碎片"滤镜以后的效果

7. 铜版雕刻

"铜版雕刻"滤镜可以将图像转换为黑白区域的随机图案或彩色图像中完全饱和颜色的随机图案。如图 8-63 所示为原始图像、应用"铜版雕刻"滤镜以后的效果及"铜版雕刻"对话框。

图 8-63　原始图像、应用"铜版雕刻"滤镜以后的效果及"铜版雕刻"对话框

类型：可选择铜版雕刻的类型，包含"精细点""中等点""粒状点""粗网点""短直线""中长直线""长直线""短描边""中长描边"和"长描边"10 种类型。

8.3.8　"渲染"滤镜

Photoshop"渲染"滤镜可以在图像中创建云彩图案、折射图案和模拟的光反射。也可在 3D 空间中操纵对象，并从灰度文件创建纹理填充以产生类似 3D 的光照效果。该滤镜组包含"分层云彩""光照效果""镜头光晕""纤维""云彩""火焰""图片框""树"8 种滤镜。

1. 分层云彩

使用随机生成的介于前景色与背景色之间的值，生成云彩图案。此滤镜将云彩数据和现有的像素混合，其方式与"差值"模式混合颜色的方式相同。第一次选取此滤镜时，图像的某些部分被反相为云彩图案。应用此滤镜几次之后，会创建出与大理石的纹理相似的凸缘。应用效果如图 8-64 所示。

图 8-64　分层云彩应用效果

2. 光照效果

使您可以通过改变 17 种光照样式、3 种光照类型和 4 套光照属性,在 RGB 图像上产生无数种光照效果。还可以使用灰度文件的纹理(称为凹凸图)产生类似 3D 的效果,并存储您自己的样式以在其他图像中使用。执行"滤镜"—"渲染"—"光照效果"命令,可打开"光照效果"对话框,如图 8-65 所示。

图 8-65　打开"光照效果"对话框

在选项栏的"预设"下拉列表中包含其他多种预设的光照效果,选中某一项即可更改当前画面效果,如图 8-66 所示。

在选项栏中单击"光照"右侧的按钮即可快速在画面中添加光源,单击"重置当前光照"按钮即可对当前光源进行重置,如图 8-67 所示分别为 3 种光源的对比效果。

聚光灯:投射一束椭圆形的光柱。预览窗口中的法线条定义光照方向和角度,而手柄定义椭圆边缘。若要移动光源,需要在外部椭圆内拖动光源。若要旋转光源,需要在外部椭圆外拖动光源。若要更改聚光角度,需要拖动内部椭圆的边缘。若要扩展或收缩椭圆,需要拖动 4 个外部手柄中的 1 个。按住 Shift 键并拖动,可使角度保持不变而只更改椭圆的大小。按住 Ctrl 键并拖动,可保持大小不变并更改点光的

图 8-66　"预设"下拉列表

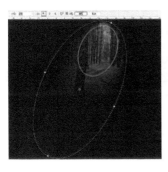

图 8-67　3 种光源的对比效果

角度或方向。若要更改椭圆中光源填充的强度,可拖动中心部位强度环的白色部分。

点光:像灯泡一样使光在图像正上方的各个方向照射。若要移动光源,可将光源拖动到画布上的任何地方。若要更改光的分布(通过移动光源使其更近或更远来反射光),需要拖动中心部位强度环的白色部分。

无限光:像太阳一样使光照射在整个平面上。若要更改方向,需要拖动线段末端的手柄。若要更改亮度,需要拖动光照控件中心部位强度环的白色部分。

创建光源后,在"属性"面板中即可对该光源进行光源类型和参数的设置,在灯光类型下拉列表中可对光源类型进行更改。

3. 镜头光晕

模拟亮光照射到像机镜头所产生的折射。通过点按图像缩览图的任一位置或拖移其十字线,指定光晕中心的位置。镜头光晕产生的效果及对话框如图 8-68 所示。

图 8-68　镜头光晕产生的效果及对话框

选择不同的镜头类型可以产生不同的效果,大家可以自己尝试。

4. 纤维

使用前景色和背景色创建编织纤维的外观。"纤维"对话框如图 8-69 所示。

差异:用来设置颜色的变化方式(较小的值会产生较长的颜色条纹,而较高的值会产生非常短且颜色分布变化更大的纤维)。

"强度"滑块控制每根纤维的外观。低设置会产生松散的织物,而高设置会产生短的绳状纤维。单击"随机化"按钮可更改图案的外观;可多次单击该按钮,直到看到喜欢的图案。应用"纤维"滤镜时,现用图层上的图像数据会被替换。

5.云彩

使用介于前景色与背景色之间的随机值,生成柔和的云彩图案。若要生成色彩较为分明的云彩图案,请按住 Alt 键并选取"滤镜"—"渲染"—"云彩"命令。应用"云彩"滤镜的效果如图 8-70 所示。

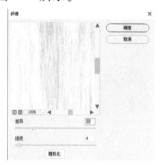

图 8-69　"纤维"对话框　　　　图 8-70　应用"云彩"滤镜的效果

【案例 8-1】　制作翡翠手镯。

步骤 1:打开 Photoshop,新建文件,画布大小为 500 像素×500 像素、分辨率为 72 像素/英寸,RGB 颜色 8 位,背景白色。

步骤 2:绘制灰色圆环。新建图层 1,选择椭圆选框工具,按住 Shift + Alt 画一个圆,这样画的圆才不会变形,执行"编辑—填充"命令,内容选 50% 灰色,不要取消选区继续点击"选择—变换选区",缩小时按住 Shift + Alt 不会变形。缩小选区后按 Delete 键删除,按 Ctrl + D 键取消选区,如图 8-71 所示。

步骤 3:新建一个图层,按一下 Delete 键恢复前黑后白的背景,如图 8-72 所示。

图 8-71　绘制灰色圆环　　　　图 8-72　新建图层

步骤 4:选择"滤镜—渲染—云彩",再点击"选择"—"色彩范围",参数如图 8-73 设置,多摸索下,设置自己需要的效果。

步骤 5:点击"确定",产生的选区如图 8-74 所示。再新建一个图层,按 Shift + F5 填充绿色,图层面板如图 8-75 所示,效果如图 8-76 所示。

图 8-73 "色彩范围"对话框

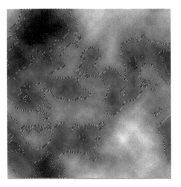

图 8-74 "色彩范围"应用效果

图 8-75 "图层"对话框

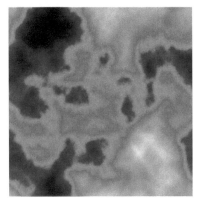

图 8-76

步骤 6：选中图层 2，使用渐变填充工具在图层 2 上填充从左上角到右下角的绿色—浅绿渐变，合并图层 3 和图层 2，按下 Ctrl 键单击图层 1，选取图层 1（圆环）的选区，如图 8-77 所示，按 Ctrl+Shift+I 反选，按 Delete 键删除不需要的部分，如图 8-78 所示。

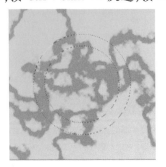

图 8-77

图 8-78

出现玉镯的花纹和色彩，然后只保留这个图层，将那个灰色填充的图层删除。

步骤 7：双击图层 2，打开"图层样式"对话框，设置相应的参数，如图 8-79 所示。设置完成效果如图 8-80 所示。

6. 火焰

火焰滤镜是基于路径生成效果的，这也是上一步创建路径的原因，所以用钢笔工具画

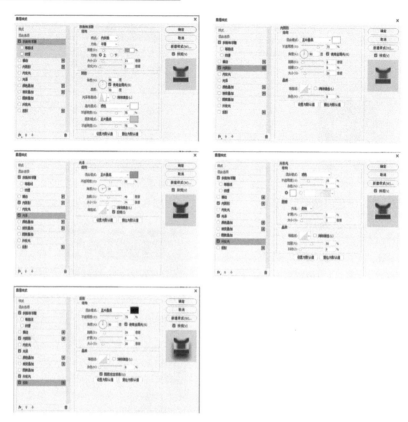

图 8-79 "图层样式"对话框

出路径后应用火焰滤镜也是生成火焰素材的极为简单的做法。

步骤 1：创建文字。

首先，我们打开 Photoshop，新建文档"火焰字体"，大小 1200 像素×500 像素。然后将背景填充成黑色，再选择文字工具，输入要实现火焰效果的文字，比如"燃烧吧！少年"，如图 8-81 所示。

图 8-80

图 8-81 输入文字

步骤 2：选中文字图层，单击鼠标右键，在弹出的菜单栏中选择"创建工作路径"；然后，创建一个新的空白图层，并命名为"火焰效果"。

步骤 3：创建火焰效果。在选中上一步新建的"火焰效果"的基础上，选择菜单栏的

"滤镜"—"渲染"—"火焰",启动火焰滤镜。

提示：

点击"火焰"滤镜后,会弹出一个警告,了解一下就行,直接点击"确定"按钮。

我们先认识一下它,如图 8-82 所示,面板左侧是效果预览窗口,右侧是参数设置,又分为"基本"和"高级"两个子面板。

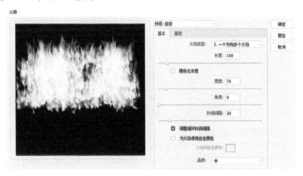

图 8-82　"火焰"滤镜应用效果预览及参数设置

（1）火焰滤镜面板。在"基本"面板上,可以设置火焰的类型（如图 8-82 所示的长度、宽度、角度、时间间隔、颜色、渲染的品质等）,本案例参数按如下设置：

火焰类型：2.沿路径多个火焰；长度 99,勾选"随机长度"；宽度 25,时间间隔 15;勾选"调整循环时间间隔"。

（2）高级设置。在"高级"面板上,可以设置湍流、锯齿、不透明度、火焰线条（复杂度）、火焰底部对齐、火焰样式（普通、猛烈、扁平）、火焰形状（平行、集中、散开、椭圆、定向）、随机形状、排列方式等参数。

这样经过对参数的调整后就得到了火焰字体了,回到"基本"面板,选择好渲染的品质后,点击面板右上角的"确定"按钮即可。

步骤 4：完成。火焰效果添加完成后,关闭文字图层即可只显示火焰字体了,效果如图 8-83 所示。

图 8-83　"火焰"滤镜效果

另外,为了增加效果的丰富和真实性,可以多新建几个图层去对文字路径施加不同设置的火焰,细节的调节能让火焰字体更加逼真。

7.图片框滤镜

图片框滤镜可以创建不同图案的画框,可以为照片添加画框,对话框如图 8-84 所示。在基本子面板中可以设置不同的图案和花型,调整大小边距等参数,达到设计要求。

8.树滤镜

可以在文件中添加不同类型的树,通过在对话框中基本子面板和高级子面板中设置参数可达到不同的效果。对话框如图 8-85 所示。

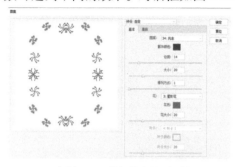

图 8-84 "图片框"滤镜对话框

图 8-85 "树"滤镜对话框

8.3.9 杂色滤镜

杂色滤镜有 5 种,分别为减少杂色、蒙尘与划痕、去斑、添加杂色、中间值,主要用于校正图像处理过程(如扫描)的瑕疵,"杂色"滤镜组可以添加或移去图像中的杂色,这样有助于将选择的像素混合到周围的像素中。

1.减少杂色

"减少杂色"滤镜可以基于影响整个图像或各个通道的参数设置来保留边缘并减少图像中的杂色。如图 8-86 为原始图像、应用"减少杂色"滤镜以后的效果及"减少杂色"对话框。

图 8-86 原始图像、应用"减少杂色"滤镜以后的效果及"减少杂色"对话框

(1)设置基本选项。在"减少杂色"对话框中选中"基本"单选按钮,可以设置"减少杂色"滤镜的基本参数。

强度:用来设置应用于所有图像通道的明亮度杂色的减少量。

保留细节:用来控制保留图像的边缘和细节(如头发)的程度。数值为 100% 时,可以保留图像的大部分细节,但是会将明亮度杂色降到最低。

减少杂色:移去随机的颜色像素。数值越大,减少的颜色杂色越多。

锐化细节:用来设置移去图像杂色时锐化图像的程度。

移去 JPEG 不自然感,选中该复选框后,可以移去因 JPEG 压缩而产生的不自然块。

（2）设置高级选项。在"减少杂色"对话框中选中"高级"单选按钮,可以设置"减少杂色"滤镜的高级参数。其中,"整体"选项卡与基本参数完全相同,如图8-87所示。"每通道"选项卡可以基于红、绿、蓝通道来减少通道中的杂色,如图8-88所示

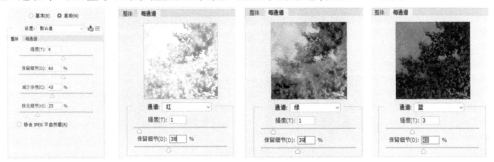

图8-87　"减少杂色"
　　　　对话框

图8-88　"每通道"选项卡

2. 蒙尘与划痕

"蒙尘与划痕"滤镜可以通过修改具有差异化的像素来减少杂色,可以有效地去除图像中的杂点和划痕。如图8-89所示为原始图像、应用"蒙尘与划痕"滤镜以后的效果及"蒙尘与划痕"对话框。

图8-89　原始图像、应用"蒙尘与划痕"滤镜以后的效果及"蒙尘与划痕"对话框

半径:用来设置柔化图像边缘的范围。

阈值:用来定义像素的差异有多大才被视为杂点。数值越大,消除杂点的能力越弱。

3. 去斑

"去斑"滤镜可以检测图像的边缘(发生显著颜色变化的区域),并模糊那些边缘外的所有区域,同时会保留图像的细节(该滤镜没有参数设置对话框)。执行"选择—色彩范围"命令,选中斑点,多次应用"去斑"滤镜,如图8-90所示为原始图像和应用效果。

4. 添加杂色

"添加杂色"滤镜可以在图像中添加随机像素,也可以用来调节图像中经过重大编辑过的区域。如图8-91所示为原始图像、应用"添加杂色"滤镜以后的效果及"添加杂色"对话框。

图 8-90　原始图像和应用效果

图 8-91　原始图像、应用"添加杂色"滤镜以后的效果及"添加杂色"对话框

数量:用来设置添加到图像中的杂点的数量。

分布:选中"平均分布"单选按钮,可以随机向图像中添加杂点,杂点效果比较柔和;选中"高斯分布"单选按钮,可以沿一条钟形曲线分布杂色的颜色值,以获得斑点状的杂点效果。

单色:选中该复选框后,杂点只影响原有像素的亮度,并且像素的颜色不会发生改变。

5. 中间值

"中间值"滤镜可以混合选区中像素的亮度来减少图像的杂色。该滤镜会搜索像素选区的半径范围以查找亮度相近的像素,并且会扔掉与相邻像素差异太大的像素,然后用搜索到的像素的中间亮度值来替换中心像素。如图 8-92 所示为原始图像、应用"中间值"滤镜以后的效果及"中间值"对话框。

半径:用于设置搜索像素选区的半径范围。

8.3.10　其他滤镜组

"其他"滤镜组中的有些滤镜可以允许用户自定义滤镜效果,有些滤镜可以修改蒙版、在图像中使选区发生位移和快速调整图像颜色。"其他"滤镜组包含"HSB/HSL""高反差保留""位移""自定""最大值"和"最小值"6 种滤镜。

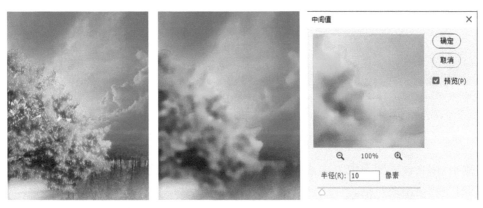

图 8-92　原始图像、应用"中间值"滤镜以后的效果及"中间值"对话框

1. HSB/HSL

根据选择不同的模式快速调整图像的颜色。如图 8-93 所示为原始图像、应用"HSB/HSL"滤镜以后及"HSB/HSL"对话框。

图 8-93　原始图像、应用"HSB/HSL"滤镜以后及"HSB/HSL"对话框

2. 高反差保留

"高反差保留"滤镜可以在具有强烈颜色变化的地方按指定的半径来保留边缘细节，并且不显示图像的其余部分。如图 8-94 所示为原始图像、应用"高反差保留"滤镜以后的效果及"高反差保留"对话框。

图 8-94　原始图像、应用"高反差保留"滤镜以后的效果及"高反差保留"对话框

半径：用来设置滤镜分析处理图像像素的范围。数值越大，所保留的原始像素就越多；当数值为 0.1 像素时，仅保留图像边缘的像素。

3. 位移

"位移"滤镜可以在水平方向或垂直方向上偏移图像，如图 8-95 所示为原始图像，应用"位移"滤镜以后的效果及"位移"对话框。

图 8-95   原始图像,应用"位移"滤镜以后的效果及"位移"对话框

水平:用来设置图像像素在水平方向上的偏移距离。数值为正值时,图像会向右偏移,同时左侧会出现空缺。

垂直:用来设置图像像素在垂直方向上的偏移距离。数值为正值时,图像会向下偏移,同时上方会出现空缺。

未定义区域:用来选择图像发生偏移后填充空白区域的方式。选中"设置为背景"单选按钮时,可以用背景色填充空缺区域;选中"重复边缘像素"单选按钮时,可以在空缺区域填充扭曲边缘的像素颜色;选中"折回"单选按钮时,可以在空缺区域填充溢出图像之外的图像内容。

4. 自定

"自定"滤镜可以设计用户自己的滤镜效果。该滤镜可以根据预定义的卷积数学运算来更改图像中每个像素的亮度值,如图 8-96 所示是"自定"对话框。

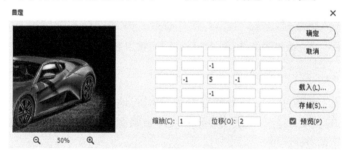

图 8-96   "自定"对话框

5. 最大值

"最大值"滤镜对于修改蒙版非常有用。该滤镜可以在指定的半径范围内,用周围像素的最高亮度值替换当前像素的亮度值。"最大值"滤镜具有阻塞功能,可以展开白色区域,而阻塞黑色区域。如图 8-97 所示为原始图像、应用"最大值"滤镜以后的效果及"最大值"对话框。

半径:设置用周围像素的最高亮度值来替换当前像素的亮度值的范围。

6. 最小值

"最小值"滤镜对于修改蒙版非常有用。该滤镜具有伸展功能,可以扩展黑色区域,而收缩白色区域。如图 8-98 所示为原始图像、应用"最小值"滤镜以后的效果及"最小值"对话框。

半径:设置滤镜扩展黑色区域、收缩白色区城的范围。

图 8-97　原始图像、应用"最大值"滤镜以后的效果及"最大值"对话框

图 8-98　原始图像、应用"最小值"滤镜以后的效果及"最小值"对话框

8.4　实例练习

【案例 8-2】　制作水流效果。

1. 案例描述

利用滤镜制作水龙头水流效果,如图 8-99 所示。

2. 案例分析

利用云彩、高斯模糊、动感模糊,塑料包装,铬黄等滤镜完成效果设计。

3. 案例实施

(1)新建一个 500 像素×500 像素、72 像素/英寸的 RGB 文件。

(2)设置前景色和背景色为黑色和白色。新建"图层 1",执行"滤镜"—"渲染"—"云彩"命令,滤镜应用效果如图 8-100 所示。

图 8-99　水龙头效果图

(3)执行"滤镜"—"模糊"—"高斯模糊"命令,打开其对话框,参数设置如图 8-101 所示。

(4)执行"滤镜"—"模糊"—"动感模糊"命令,打开对话框,参数设置如图 8-102 所示。

(5)执行"图像"—"画布大小"命令,打开对话框参数设置和效果如图 8-103 所示。

图 8-100　滤镜应用效果

图 8-101　"高斯模糊"命令对话框

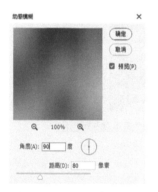

图 8-102　"动感模糊"对话框

图 8-103　"画布大小"命令对话框及效果

　　(6)执行"滤镜"—"滤镜库"—"艺术效果"—"塑料包装"命令,打开对话框,参数设置如图 8-104 所示。

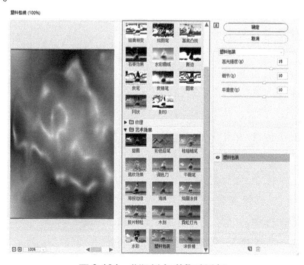

图 8-104　"塑料包装"对话框

　　(7)执行"滤镜"—"滤镜库"—"素描"—"铬黄渐变"命令,打开对话框,参数设置和应用效果如图 8-105 所示。

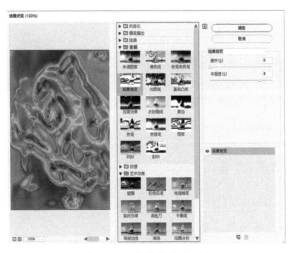

图 8-105　"铬黄渐变"对话框

(8) 执行"编辑"—"渐隐滤镜库"命令,打开对话框,模式为"强光"应用效果如图 8-106 所示。

(9) 执行"图像"—"画布大小",修改高度为 800 像素,其余参数保持不变,按 Ctrl + T 快捷键,单击鼠标右键,在弹出的快捷菜单中选择"变形"命令,调整各节点,效果如图 8-107 所示。

图 8-106　"强光"模式应用效果及对话框　　　　**图 8-107　"变形"命令应用效果**

(10) 打开素材"waterontap. jpg",将其移动到图像中,设置"图层 1"的混合模式为"强光",效果如图 8-108 所示。

(11) 保存文件。

【案例 8-3】　制作炙热的星球。

1. 案例描述

利用滤镜制作炙热的星球效果,如图 8-109 所示。

2. 案例分析

利用分层云彩、USM 锐化、扭曲等滤镜,图像调

图 8-108　"强光"混合模式应用效果

整色彩平衡进行调色完成效果设计。

3. 案例实施

（1）新建文件,500 像素 × 500 像素,72 像素/英寸,RGB 模式。

（2）新建"图层 1",用椭圆工具创建正圆形选区,填充黑色。

（3）执行"滤镜"—"渲染"—"分层云彩"命令,按下 Alt + Ctrl + F 快捷键,重复几次"分层云彩"滤镜,效果如图 8-110 所示。

（4）执行"图像"—"调整"—"色阶"命令或按下 Ctrl + L 快捷键,打开"色阶"对话框,参数设置如图 8-111 所示,效果如图 8-112 所示。

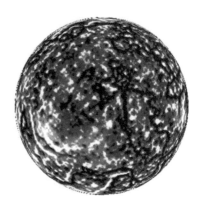

图 8-109　素材

图 8-110　"分层云彩"滤镜效果

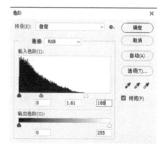

图 8-111　"色阶"对话框

（5）执行"滤镜"—"锐化"—"USM 锐化"命令,打开对话框,参数设置如图 8-113 所示,应用效果如图 8-114 所示。

（6）执行"滤镜"—"扭曲"—"球面化"命令,打开对话框,参数设置如图 8-115 所示,再执行一次球面化滤镜,参数设置为 50%,效果如图 8-116 所示。

（7）执行"图像"—"调整"—"色彩平衡"命令或按 Ctrl + B 快捷键,打开"色彩平衡"对话框,如图 8-117 所示,调整参数为:阴影 + 100、0、- 100;中间调: + 100、0、- 100;高光: + 70、0、- 15,效果如图 8-118 所示。

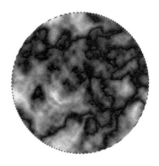

图 8-112　"色阶"应用效果

图 8-113　"USM 锐化"命令参数设置

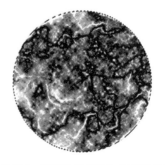

图 8-114　"USM 锐化"命令应用效果

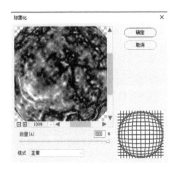

图 8-115 "球面化"命令参数设置

图 8-116 "球面化"命令应用效果

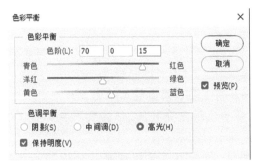

图 8-117 "色彩平衡"命令对话框

图 8-118 "色彩平衡"命令应用效果

（8）执行"滤镜"—"锐化"—"USM 锐化"命令，打开对话框，参数设置 300，其他默认，效果如图 8-119 所示。

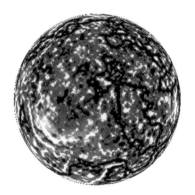

图 8-119 "USM 锐化"命令应用效果

课后练习

一、选择题

1. 要为文字图层应用"滤镜"命令，下列说法中错误的是（　　）。

　A. 先选择"图层"—"栅格化"—"文字"命令，然后应用滤镜

B. 直接选择一个"滤镜"命令,在弹出的栅格化提示框中单击"确定"按钮

C. 先确认文字图层和其他图层没有链接,然后再选择"滤镜"命令

D. 先将文字转换为形状,然后再应用"滤镜"命令

2. "液化"滤镜的快捷键是(　　　)。

A. Ctrl + X　　　　　　　　　　　　　　B. Ctrl + Alt + X

C. Ctrl + Shift + X　　　　　　　　　　D. Ctrl + Alt + Shift + X

3. 在使用相机的广角端拍摄照片时,常会出现透视变形问题,下列可以校正该问题的是(　　　)。

A. 液化　　　　　　B. 自适应广角　　　　　　C. 扭曲　　　　　　D. 场景模糊

4. 下列关于滤镜库的说法中错误的有(　　　)。

A. 在滤镜库中可以使用多个滤镜,并产生重叠效果,但不能重复使用单个滤镜多次

B. 在"滤镜库"对话框中,可以使用多个滤镜重叠效果,改变这些效果图层的顺序,重叠得到的效果不会发生改变

C. 使用滤镜库后,可以按 Alt + Ctrl + F 键重复应用滤镜库中的滤镜

D. 在"滤镜库"对话框中,可以使用多个滤镜重叠效果,当该效果层前的眼睛图标消失,单击"确定"按钮,该效果将不进行应用

5. 如图 8-120 所示,箭头左边是原始图像,箭头右边是经过滤镜处理后的效果。请问,通过下列哪个滤镜命令可以使左图变成右图的效果? (　　　)

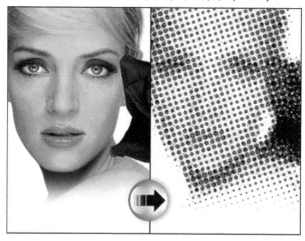

图 8-120

A. 滤镜—像素化—彩色半调　　　　　　B. 滤镜—纹理—颗粒(水平)

C. 滤镜—像素化—点状化　　　　　　　D. 滤镜—纹理—染色玻璃

6. 下列哪种色彩模式可使用的内置滤镜最多? (　　　)

A. RGB　　　　　　B. CMYK　　　　　　C. 灰度　　　　　　D. 位图

二、填空题

1. 可以模拟移轴镜头拍摄效果的滤镜是＿＿＿＿＿＿。

2.使用＿＿＿＿＿＿滤镜可以模拟出油画效果。

3.在"液化"滤镜中,使用＿＿＿＿＿＿工具可以产生挤压效果,即图像向操作中心点处收缩的效果。

4.使用＿＿＿＿＿＿滤镜可以校正照片的暗角问题。

5.使用＿＿＿＿＿＿滤镜可以校正照片的透视变形问题。

三、判断题

1.RGB 模式下所有的滤镜都可以使用,索引模式下所有的滤镜都不可以使用。

　　　　　　　　　　　　　　　　　　　　　　　　　　　　　（　　）

2.对智能对象图层应用任意滤镜时,都会产生相应的滤镜层。　（　　）

3.可以为智能对象图层设置不透明度与混合模式属性。　　　　（　　）

4."自适应广角"滤镜仅可以校正由鱼眼镜头拍摄的照片。　　（　　）

5.使用"液化"滤镜可以对图像进行位移、膨胀等处理。　　　（　　）

四、实践题

1.使用滤镜制作如图 8-121、图 8-122 所示的文字效果。

图 8-121　素材

图 8-122　效果

2.利用滤镜制作烟花效果,如图 8-123 所示。

图 8-123

提示：

(1)新建文件，填充渐变方案：色谱，从上至下线性渐变填充。

(2)背景色为黑色，执行极坐标滤镜、高斯模糊、点妆化、调整反相、查找边缘等操作。

(3)利用调整图层进行调色处理。

第 9 章　画笔工具

9.1　了解画笔工具

Photoshop CC 中的画笔工具,与实体画笔的作用一样,是绘画的工具,是最基本的绘画工具,通过画笔的形状、大小、颜色、虚实程度、流量等,在画面上形成图像,是用来画图、描边、填充颜色的,也可以自定义画笔画出各种颜色图形。一般手绘插画和原画时用得多。

使用方法如下:

(1)打开 Photoshop 软件,在左侧工具栏中第八个工具就是画笔工具。快捷键是 B。

(2)选择画笔工具后,按住鼠标左键在页面拖动,可以绘画出和前景色一样颜色的图形线条。

(3)点击属性栏"画笔选项",可以在打开的下拉框中调整画笔各项参数。画笔大小像素越大笔触就越粗。硬度数值越大笔触就越硬。

(4)点击属性栏"画笔设置",可以在画笔库中选择画笔样式,还可以调整画笔的形状动态、颜色动态等参数。

(5)点击"模式"后面的下拉框,有多种模式可以选择,选择相应的模式,画笔画出的图形将会相交出不同的效果。

(6)调整属性栏上"不透明度"滑块,数值越小,笔触就越透明。

(7)调整属性栏上"流量"滑块,数值越大,画笔描边流动速率就越大。

(8)调整属性栏上"平滑"滑块,数值越大,画笔笔触就越平滑。数值越小,画笔笔触就越粗糙。

9.2　画笔面板

关于画笔更多的参数,需要在"画笔"面板中进行设置,在工具选项栏中单击 按钮或者按下 F5 键可以打开"画笔"面板。这里介绍一些主要参数如图 9-1 所示。

选项列表:选择不同的选项时,将出现不同的参数,这里选择"画笔笔尖形状"选项,这时可以设置画笔的大小、角度、圆度、硬度及间

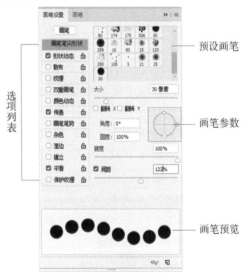

图 9-1　画笔设置

距等参数。

预设画笔:在这里可以直接选择系统预设的画笔。

画笔参数:选择了预设的画笔以后,在这个参数区可以设置画笔的大小、角度、硬度、间距等。其中"间距"用于控制构成线条的点与点之间的距离。

画笔预览:这里直接显示设置的画笔效果。

在"画笔"面板中,动态画笔选项很多,这里重点介绍"形状动态",如图 9-2 所示,"散布"的相关参数如图 9-3 所示。切换到"形状动态"选项,将出现形状动态的相关参数,通过这些参数可以设置画笔的大小、角度、圆度的动态变化情况,从而产生丰富的绘画效果。

大小抖动:该选项用于设置绘制线条时画笔大小的动态变化情况,取值为 0% 时,绘制线条时画笔大小保持不变;取值为 100% 时,在绘制线条的过程中,画笔大小变化的自由随机度最大。

最小直径:当选择了"大小抖动"选项并设置了"控制"参数后,该选项用于设置画笔可以缩小的最小尺寸,其值以画笔直径的百分比为基础。

图 9-2　形状动态设置

图 9-3　散布设置

角度抖动:用于设置绘制线条的过程中画笔角度的动态变化情况。

圆度抖动:用于设置绘制线条的过程中画笔圆度的动态变化情况。

选择"翻转 X 抖动"选项,可以翻转水平方向上的抖动。

选择"翻转 Y 抖动"选项,可以翻转垂直方向上的抖动。

切换到"散布"选项,在这里可以设置成画笔笔记的点的数量与位置,从而使绘制的线条产生随机扩散的视觉效果。

散布:用于设置画笔笔记分散程度,值越大,分散范围越广。如果勾选"两轴"选项,则以中间为基准向两侧扩散。

数量:用于设置每个空间间隔中构成画笔笔迹的点的数目。

数量抖动:用于指定构成画笔笔记的数目变化。

9.3　画笔工具组

9.3.1　画笔工具

画笔工具使用前景色在图像上绘制,在绘画的时候,选择与设置画笔非常重要,这是一项比较复杂的操作,因为画笔的参数非常多,设置不当会影响绘画效果。

1. 画笔工具的打开方式

打开 Photoshop CC 2017 软件,在工具箱中单击"画笔工具组",选择第一个选项"画笔工具",如图 9-4 所示。

2. 画笔工具的参数设置

如图 9-5 所示,单击"画笔"选择右侧的三角形按钮,打开"画笔"选项板,可以设置画笔形状、大小与硬度等参数,如图 9-6 所示。在系统预设的画笔列表中双击所需的画笔,可以选择该画笔,同时关闭画笔选项板。如果画笔列表中没有合适大小的画笔,可以选择最接近的一种画笔,然后修改"大小"和"硬度"的值,从而得到所需的画笔。其中,"硬度"影响画笔边缘和柔和度,如图 9-7 所示。

图 9-4　画笔工具

图 9-5　画笔工具选项栏

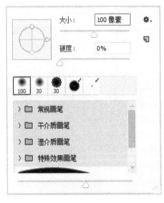

图 9-6　画笔选项板

硬度0%　硬度50%　硬度100%

图 9-7　硬度示例

模式:用于设置画笔与图像之间颜色的混合模式。

不透明度:用于设置所绘线条的不透明度。

流量:它的值可以确定画笔油黑的流畅速度率。

3. 画笔工具的两点使用技巧

(1)按住键盘上 Shift 键,创建的直线。

（2）画虚线。打开"画笔笔尖形态"选项对笔尖形态进行设置，如图 9-8 所示，之后将这个"间距"调大一点，可以画出一个点一个点的虚线，如图 9-9 所示。

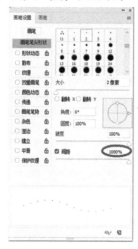

图 9-8 笔尖形态

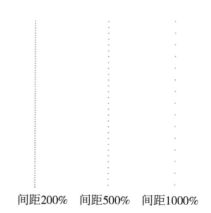

间距200%　间距500%　间距1000%

图 9-9 间距示例

【**案例 9-1**】 使用动态画笔绘制背景。

1. 任务目标及效果说明

在使用画笔时，只要合理地设置画笔的参数，就能够快速的创造出神奇的艺术效果，下面就学习使用动态画笔绘制插画背景。

2. 操作步骤

（1）打开本书光盘"素材"文件夹的"9-3-1. psd"图像文件。

（2）按下 F7 键打开"图层"面板，选择背景图层为当前图层。

（3）单击"创建新图层"按钮，在"人物"层的下方创建一个新图层"图层 1"，如图 9-10 所示。

图 9-10 创建新图层

（4）选择工具箱中的"画笔工具"，在属性栏中载入"旧版画笔"，如图 9-11 所示。

图 9-11　在属性栏中载入"旧版画笔"

（5）打开"画笔"选项板，选择"杜鹃花串"画笔。

（6）继续设置"大小"为 60 像素，如图 9-12 所示。

（7）按下 F5 键打开"画笔"面板。

（8）在左侧的选项列表中选择"形状动态"选项，在右侧将"圆度抖动"调整为 0%，如图 9-13 所示。

（9）在左侧的选项列表中切换到"散布"选项，在右侧分别设置"散布""数量"和"数量抖动"的值，如图 9-14 所示。

（10）在"画笔"面板左侧的选项列表中选择"颜色动态"选项，在右侧设置"前景/背景抖动"为 100%，其他参数均为 0%，如图 9-15 所示。

（11）在左侧的选项列表中取消"传递"选项。

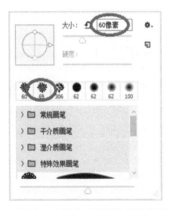

图 9-12　设置"画笔"选项板参数

图 9-13　"形状动态"参数设置　　图 9-14　"散布"参数设置　　图 9-15　"颜色动态"参数设置

（12）设置前景色为淡红色（RGB：243.186.181），背景色为白色，如图 9-16 所示。

（13）再次按下 F5 键，关闭"画笔"面板。

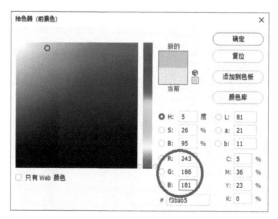

图 9-16 "拾色器(前景色)"参数设置

（14）在图像窗口中多次拖动鼠标，绘出小花图案，如图 9-17 所示。

图 9-17 "画笔"工具应用效果

9.3.2 铅笔工具

绘图工具包括画笔工具和铅笔工具，铅笔工具和画笔工具在同一工具箱里，画笔工具的下面就是铅笔工具选项。虽然两者绘出的效果不同，但它们的使用方法基本相同。其中，铅笔工具与现实生活中的铅笔一样，它真实地模仿了铅笔效果，两者的使用方法一致。使用铅笔工具时，设置工具选项栏中的参数和画笔工具的设置基本是一样的。

1. 铅笔工具的打开方式

打开 Photoshop CC 2017 软件，在工具箱中单击"画笔工具组"，选择第二个选项"铅笔工具"，如图 9-18 所示。

图 9-18 铅笔工具的选择

2.铅笔工具的参数设置

铅笔工具的参数设置如图 9-19 所示。对于铅笔工具,选择"自动抹除"选项,可以在包含前景的区域上绘制背景色,类似于橡皮擦的作用。

图 9-19　铅笔工具选项栏

3.画笔工具和铅笔工具的区别

画笔工具:是软角的,边缘有羽化不模糊效果。

铅笔工具:是硬角,边缘很清晰,硬度控制是没有效果的、不起作用的。

【案例 9-2】　用铅笔工具做相框效果。

1.任务目标及效果说明

由于铅笔工具的硬度无法改变,没有边缘过度的感觉,所以铅笔工具的用途多是为了构图、勾线框,像画画,绘图就常用到铅笔工具。铅笔工具的自动抹除的效果就是选中了前景色和背景色以后,在前景色上涂会自动显示背景色,在背景色上涂自动显示前景色。下面就学习使用铅笔工具绘制照片的边框。

2.操作步骤

(1)打开本书光盘"素材"文件夹的"9-3-2.jpg"图像文件。

(2)按下 F7 键打开"图层"面板,选择"背景"图层为当前图层,选择"图像/画布大小",如图 9-20 所示。

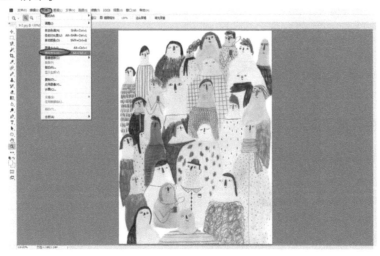

图 9-20　打开"图层"面板

(3)在"画布大小"对话框中勾选"相对",给图片添加一个宽度为 2.5 厘米颜色为背景色(RGB:243.186.181)的边框,如图 9-21 所示。

(4)选中"铅笔工具",选择"画笔笔尖形状",设置好前景色颜色为(RGB: 255.255.255),间距为 120%。勾选属性栏中的"自动涂抹选项",然后在图片边缘的位

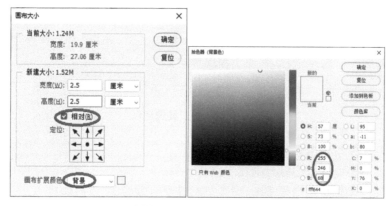

图 9-21 "画布大小"参数效果

置,开始使用"铅笔工具"拖动。(按住 Shift 键不要松,依次点击四个点,会自动连接成直线),如图 9-22 所示。

图 9-22 "铅笔工具"对话框及应用效果

(5)最后完成该图片的相框效果。

9.3.3 颜色替换工具

1. 颜色替换工具的打开方式

打开 Photoshop CC 2017 软件,在工具箱中单击"画笔工具组",选择第三个选项"颜色替换工具",如图 9-23 所示。

2. 颜色替换工具的参数设置

颜色替换工具选项栏如图 9-24 所示。

画笔大小:根据替换颜色区域大小和边缘精度,可以将画笔大小进行合适的调整。

前景色:替换后添加上去的颜色。

模式:有色相、饱和度、颜色、明度 4 个不同模式。用户可以根据自己的需求进行选择。

限制:有连续,不连续两种选择。选择连续则取样一次

图 9-23 颜色替换工具

图 9-24 颜色替换工具选项栏

只对图像上连续的颜色进行替换,选择不连续则对图像上所有的相同颜色进行替换。

取样:有连续、一次、背景色板三种方式。"连续"在拖移时对颜色连续取样;"一次"只替换第一次点按的颜色所在区域中的目标颜色;"背景色板"只抹除包含当前背景色的区域。

限制:有不连续、邻近、查找边缘三种选择。"不连续"替换出现在指针下任何位置的样本颜色;"邻近"替换与紧挨在指针下的颜色邻近的颜色;"查找边缘"替换包含样本颜色的相连区域,同时更好地保留形状边缘的锐化程度。

容差:选择范围为 1% ～100% 。容差越小选取的颜色越纯。

【案例9-3】 更换水果颜色。

1. 任务目标及效果说明

Photoshop CC 2017 软件中"颜色替换工具"主要作用是简化图像中某种颜色的替换,可以用一种颜色替换掉另一种颜色。多用于特定前景色的替换和照片背景色的替换。下面是一张杨梅图片,大家试着给它更换一种颜色。

2. 操作步骤

(1)打开本书光盘"素材"文件夹的"9-3-3.jpg"图像文件。

(2)按下 F7 键打开"图层"面板,选择"背景"图层为当前图层。

(3)在工具箱中,选择颜色替换工具,然后设置前景色(RGB:143.174.36),如图 9-25 所示。

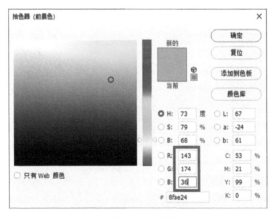

图 9-25 设置前景色

(4)设置好颜色之后,模式选择"颜色",就可以设置属性栏各个参数,来对杨梅进行换颜色处理,如图 9-26 所示。

(5)对图片进行连续点击处理,完成杨梅的颜色替换,如图 9-27 所示。

(6)更改属性栏模式为"明度",看下效果,杨梅的明度发生了改变。四个模式中,大

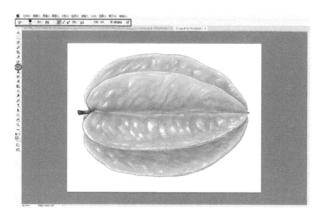

图 9-26　运用"颜色"模式参数设置

图 9-27　杨梅颜色替换

家可以根据自己的需求进行选择,如图 9-28 所示。

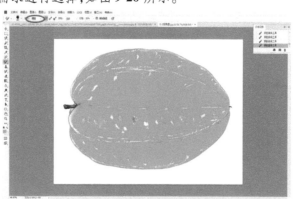

图 9-28　"明度"模式应用效果

9.3.4　混合器画笔工具

　　混合器画笔工具其实质还是一种画笔,只是可以在素材上吸取不同颜色然后显示颜色混合后综合颜色的画笔,其实就是用来混合颜色的。

1．混合器画笔工具的打开方式

打开 Photoshop CC 2017 软件，在工具箱中单击"画笔工具组"，选择第四个选项"混合器画笔工具"，如图 9-29 所示。

2．混合器画笔工具的设置方式

混合器画笔工具选项栏见图 9-30。

画笔：单击该按钮在打开的下拉列表中选择调整画笔直径大小以及画笔大小。

切换画笔面板：点击即可显示画笔预设功能。

显示前景色颜色：点击右侧三角可以载入画笔、清理画笔、只载入纯色。

每次描边后载入/清理画笔："每次描边后载入画

图 9-29　混合器画笔工具

图 9-30　混合器画笔工具选项栏

笔"和"每次描边后清理画笔"两个按钮，控制了每一笔涂抹结束后对画笔是否更新和清理。类似于画家在绘画时一笔过后是否将画笔在水中清洗的选项。

混合画笔组合：提供多种为用户提前设定的画笔组合类型，包括干燥、湿润、潮湿和非常潮湿等。在"有用的混合画笔组合"下拉列表中，已预先设置好混合画笔。选择某一种混合画笔时，右边的四个选择数值会自动改变为预设值。

潮湿：设置从画布拾取的油彩量。就像是给颜料加水，设置的值越大，画在画布上的色彩越淡；

载入：设置画笔上的油彩量。

混合：用于设置 Photoshop CC 2017 多种颜色的混合；当潮湿为 0 时，该选项不能用。

流量：设置描边的流动数率。

启用喷枪模式：作用是当画笔在一个固定的位置一直描绘时，画笔会像喷枪那样一直喷出颜色。如果不启用这个模式，则画笔只描绘一下就停止流出颜色。

对所有图层取样：作用是无论文件有多少图层，将它们作为一个单独的合并的图层看待。

绘图板压力控制大小：选项，选择普通画笔时，它可以被选择。此时我们可以用绘图板来控制画笔的压力。

"干燥"和"湿润"两种绘画区别。画笔成蘸了水的笔头，越湿的笔头，就越能将画布上的颜色化开。另一个对颜色有较强影响的是混合值，混合值越高，画笔原来的颜色就会越浅，从画布上取得的颜色就会越深。

【案例 9-4】　混合画笔工具营造朦胧效果。

1．任务目标及效果说明

使用混合器画笔可以绘制出逼真的手绘效果，是较为专业的绘画工具，可以绘制出更为细腻的效果图。用其对画面进行多次涂抹,可以营造一种朦胧效果,尤其适合下面这种在沙漠中渲染气氛的画面。

2. 操作步骤

(1)打开本书光盘"素材"文件夹的"9-3-4. jpg"图像文件,如图 9-31 所示。

图 9-31

(2)按下 F7 键打开"图层"面板,选择"背景"图层为当前图层。

(3)打开侧画笔工具的混合器画笔工具,如图 9-32 所示。

(4)在属性栏中设置混合画笔工具的参数,如图 9-33 所示。

(5)设置画笔大小硬度,如图 9-34 所示。

(6)取消"只载入纯色"选择,可以取样背景中的纹理。

(7)设置平滑度,如图 9-35 所示。

(8)按住 Alt 键在背景图中取样,可以看到属性栏中笔触变成取样的纹理,在背景上使用混合画笔工具绘制,可以看到,背景拖出了一些重影效果,并附带了笔刷的颜色,与周围内容进行了混合,如图 9-36 所示。

图 9-32 混合器画笔工具

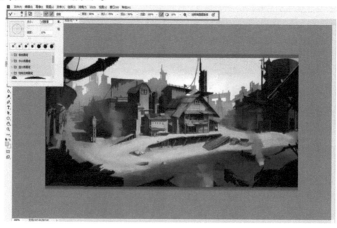

图 9-33 设置混合画笔工具参数

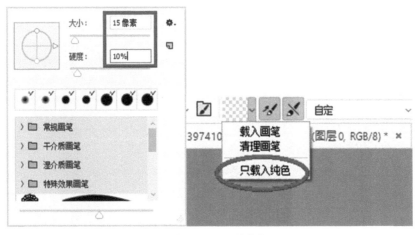

图 9-34　设置画笔参数

图 9-35　设置平滑度

图 9-36　混合后效果

9.4　历史记录画笔工具

　　历史记录画笔是 Photoshop 里的图像编辑恢复工具,使用历史记录画笔,可以将图像编辑中的某个状态还原出来。使用历史记录画笔可以起到突出画面重点的作用。我们很早就接触过 Photoshop 的历史记录功能,也知道历史记录是线性的,改变以前的历史将会删除之后的纪录。换句话说,我们无法在保留现有效果的前提下,去修改以前历史中所做过的操作。但历史记录画笔可以不返回历史记录,直接在现有效果的基础上抹除历史中某一步操作的效果。

9.4.1 历史记录画笔工具的打开方式

打开 Photoshop CC 2017 软件,在工具箱中单击"历史记录画笔工具组",选择第一个选项"历史记录画笔工具",如图 9-37 所示。

9.4.2 历史记录画笔工具的设置方式

历史记录画笔工具选项栏见图 9-38。

画笔:单击该按钮在打开的下拉列表中选择调整画笔直径大小以及画笔大小。

模式:指还原为源的过程中,样式与源的混合模式。在这里提供了七种包括:正常、变暗、变亮、色相、饱和度、颜色和明度。每一种模式可以在使用的时候分别选择去看效果。

图 9-37　打开历史记录画笔工具

图 9-38　历史记录画笔工具选项栏

【案例 9-5】 打造黑白背景突出人物主题照片。

1. 任务目标及效果说明

历史记录画笔工具的作用是将部分图像恢复到某一历史状态,以形成特殊的图像效果。在使用时,需要与"历史记录"命令配合,历史记录画笔工具用于恢复操作,但不是将整个图像全都恢复到以前的状态,它是对部分区域进行恢复,完成对图像更细微的控制。下面就练习使用历史记录画笔把照片中人物保留彩色,其余部分变成黑白色调的效果,更加突出人物主体。

2. 操作步骤

(1)打开本书光盘"素材"文件夹的"9-4. jpg"图像文件。

(2)按下 F7 键打开"图层"面板,选择"背景"图层为当前图层。

(3)Ctrl + J 复制背景层,保护源文件,如图 9-39 所示。

(4)依次执行"图像"—"调整"—"去色"(Ctrl + Shift + U)命令,在打开的黑白对话框中单击"确定",如图 9-40 所示,将图像调整为黑白颜色。

(5)点击"窗口"—"历史记录"命令,在打开的历史记录功能面板中,可以看到操作的每一个步骤都被记录了下来。在"通过拷贝的图层"前的小方框中单击,可以设置历史记录画笔的源位置,Photoshop 默认背景文件为源图像,如图 9-41 所示。

(6)在工具栏中选择"历史记录画笔工具",在属性栏中设置画笔大小、模式正常、不透明度 100%、流量 100%,在图像的人物部分进行涂抹,以恢复色彩,涂抹边缘可调节画

图 9-39　新建图层

图 9-40　将图像调整为黑白颜色

图 9-41　历史记录的应用

笔大小硬度,若不小心涂抹错误,可在历史记录面板中单击"黑白"前的小方框,把黑白图像设置为历史记录画笔的源图像,就可以涂抹修改错误地方。操作后的效果,如图 9-42 所示。

图 9-42   "历史记录画笔工具"操作效果

(7)完成的效果如图 9-43 所示。

图 9-43   "历史画笔工具"完成效果

课后练习

一、填空题

1.画笔王具组中共有四个工具,分别为_____、_____、_____、_____。

2.按_____键可以从工具栏选择画笔工具,按_____组合键可以从铅笔工具切换到画笔工具。

3.画笔大小可以从画笔下拉列表中选取,也可以通过拖动滑块来调整,最小可调整到_____,最大可达到_____。

4.在利用画笔绘制中国画时,要达到毛笔效果,需要对所画线条进行虚化,可使用工具箱中的_____。

6.要使画笔的笔尖变大,可以使用键盘上的_____键,笔尖变小用_____键。

二、简答题

1.简述"画笔工具"和"铅笔工具"的区别。

2.简述"画笔工具组"的种类和用途。

三、操作题

1.利用画笔中已有图形,通过动态画笔设置参数,画出所要的青草图形,如图9-44、图9-45所示。

图9-44　不设置参数

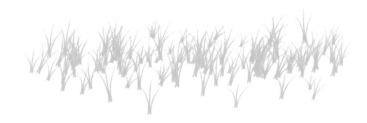

图9-45　设置参数(动态形状、散布、动态颜色)

2.把"素材一"中的蝴蝶定义为画笔如图9-46所示,并给"素材二"制作蝴蝶背景。

制作提示:定义素材中的蝴蝶为画笔,再改变当前色,来制作出不同颜色和不同大小的蝴蝶,如图9-47所示。

图9-46　素材一

图9-47　效果图

第 10 章　综合案例

10.1　晴天照片变成夕阳效果

10.1.1　任务目标及效果说明

对于摄影爱好者来说,掌握一些 Photoshop 知识非常有益,可以帮助我们完善照片、美化照片,甚至可以实现"乾坤倒转"。例如,将秋天拍摄的照片转换为春天的景色,将白天的景色转换为夕阳效果等,这主要得益于 Photoshop 强大的调色功能。数码后期设计的魅力在于设计者拥有无限的权力,只有想象不到的,没有做不到的。借助 Photoshop 的调色命令,可以对照片中出现的问题进行校正,如曝光问题、偏色问题、层次感问题等。此外,还可以进行创意性调整,下面我们就将一幅晴天照片(见图 10-1)调整为夕阳效果(见图 10-2),简单几步就可以实现,非常实用。

图 10-1　素材图

图 10-2　效果图

10.1.2　操作步骤

打开本书光盘"素材"文件夹中的"10-1.jpg"图像文件。按下 F7 键打开"图层"面板。在"图层"面板中单击"创建新的填充或调整图层"按钮,在弹出的菜单中选择"色阶"命令,如图 10-3 所示。

执行"色阶"命令后,将创建一个色阶调整图层,并同时打开"属性"面板。

在"属性"面板中向右调整黑色滑块,使其对齐到直方图的左侧,重定照片的黑场,如图 10-4 所示。

在"图层"面板中单击"创建新的填充或调整图层"按钮,在弹出的菜单中选择"曲线"命令。

在"属性"面板中选择"蓝"通道,向下调整高光控制点,增加黄色,如图 10-5 所示。

在"属性"面板中选择"绿"通道,在曲线上添加控制点,并向下调整曲线,增加洋红色,如图 10-6 所示。

图 10-3　选择"色阶"命令

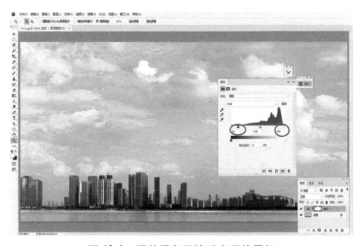

图 10-4　调整黑色滑块重定照片黑场

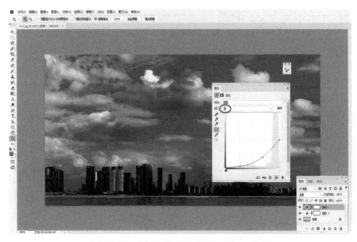

图 10-5　调整高光控制点,增加黄色

图 10-6　添加控制点增加洋红色

在"属性"面板中选择"红"通道,在曲线上添加控制点,并向上调整曲线,增加红色,如图 10-7 所示。

图 10-7　添加控制点增加红色

在"图层"面板中单击"创建新的填充或调整图层"按钮,在弹出的菜单中选择"可选颜色"命令,在"属性"面板的"颜色"下拉列表中选择"黑色"设置各项参数,使暗部略偏蓝色,如图 10-8 所示。

在"图层"面板中单击"创建新的填充或调整图层"按钮,在弹出的菜单中选择"渐变映射"命令。

在步骤(7)"属性"面板中选择"黑,白渐变",如图 10-9 所示。

在"图层"面板中设置渐变映射调整层的混合模式为"明度",加强照片的对比度,如图 10-10 所示。

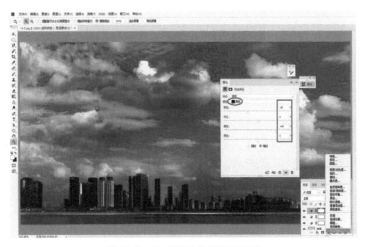

图 10-8 设置"黑色"选项参数

图 10-9 选择"黑,白渐变"选项

图 10-10 加强照片对比度

10.2　让菊花照片更有意境

10.2.1　任务目标及效果说明

　　一年一度的菊花展是摄影爱好者的必拍主题,但是拍多了必然乏味,这时可以在后期上耍个"小花招",让照片变的更有意境。通过本例可以启发读者,熟练使用 Photoshop 可以创建无限的艺术效果,无论是唯美的还是梦幻的,都轻而易举。拍菊花时,很多人都喜欢在菊花上喷一些小水滴制造意境,甚至通过流水的玻璃去拍摄,操作上很烦琐。如果在后期利用图层的混合模式来叠加一些小水滴,则相对简单,下面我们来学习通过后期增强照片意境的方法。调整前后对比见图 10-11、图 10-12。

图 10-11　素材　　　　　　　　　　　　　图 10-12　效果图

10.2.2　操作步骤

　　(1)打开素材中的"10-2 素材一.jpg"图像文件。

　　(2)选择工具箱的"裁剪"工具,在图像窗口中调整裁剪框,进行二次构图,按下回车键,确认裁剪操作,如图 10-13 所示。

图 10-13　执行"裁剪"工具

　　(3)执行菜单栏中"图像"—"图像旋转"—"水平翻转画布"命令,这时可以看到图像在水平方向上发生了翻转,如图 10-14 所示。

图 10-14　执行"水平翻转画布"命令

（4）打开素材中的"10-2 素材二.jpg"图像文件,按下"Ctrl + A"全选图像,执行菜单栏中的"编辑"—"拷贝"命令复制选择的图像。

（5）切换到"菊花"图像窗口中,按下"Ctrl + V"快捷键粘贴复制的图像,"Ctrl + T"调整素材二的大小。

（6）在图层面板中设置图像所在"图层 1"的混合模式为"滤色",如图 10-15 所示。

图 10-15　设置混合模式为"滤色"

（7）按下"Ctrl + L"键,打开"色阶"对话框,分别向右调整黑色、灰色滑块,单击"确定"按钮,图像变得清晰,如图 10-16 所示。

（8）按下"Alt + Shift + Ctrl + E"快捷键盖印图层,得到"图层 2",设置"图层 2"的混合模式为"柔光",如图 10-17 所示。

（9）在图层面板中单击"创建新的填充或调整图层"按钮,在弹出的菜单中选择"可选颜色"命令,如图 10-18 所示。

图 10-16　调整"色阶"对话框参数

图 10-17　设置混合模式为"柔光"

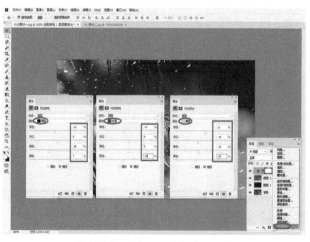

图 10-18　选择"可选颜色"命令

（10）在"颜色"下拉表中选择"黑色"设置各项参数，使暗调略偏蓝。

（11）在"颜色"下拉列表中分别选择"红色""黄色"，设置各项参数。进一步调整红色和黄色，完成最终制作。

10.3　画笔的奇妙用法

10.3.1　任务目标及效果说明

在很多艺术海报的设计中，有很多用到飘带的作品，例如建党周年海报、艾滋病预防海报、古风海报等。在有素材的情况下，用简单的抠图方法就可以得到需要的元素，但是在没有素材的情况下，可以利用画笔的动态设置达到想要的效果。下面以一张古风照片为例，用动态画笔给它添加奇幻的飘带效果。

10.3.2　操作步骤

（1）打开素材中的"10-3.jpg"图像文件。

（2）新建"20 厘米×20 厘米"大小的文件，用"钢笔工具"绘出一个自由路径，如图 10-19 所示。

图 10-19　应用"钢笔工具"

（3）设置前景色为 RGB(255.0.0)，画笔设置为粗细：2 像素，硬度：100%，单击鼠标右键选择"描边路径"，选择"画笔"，勾选"模拟压力"，如图 10-20 所示。

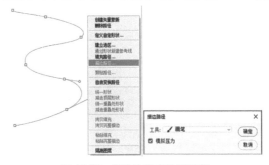

图 10-20　"描边路径"子菜单

（4）在菜单栏中选择"编辑"—"定义画笔预设"，按"确定"按钮，如图 10-21 所示。

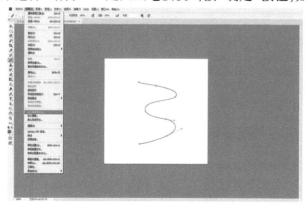

图 10-21　选择"定义画笔预设"

（5）在工具栏中单击"画笔工具"，打开画笔面板，设置画笔笔尖"间距"为 1%。

（6）形状动态中，"角度抖动"中"控制"择为"渐隐"，数值为 350，如图 10-22 所示。

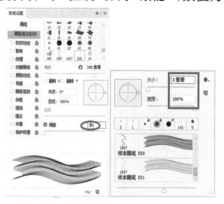

图 10-22　"画笔笔尖"子菜单

（7）切换到素材图，在图层面板中新建"图层一"，放到背景上面，画笔调整合适大小，在图片人物旁边自由拖动，如图 10-23 所示。

图 10-23

(8)选择橡皮擦工具,将人物上方的多余内容擦掉,在擦除过程中,自由调整橡皮擦的大小和硬度,效果图如图 10-24 所示。

图 10-24　"画笔"工具应用效果

10.4　名片的制作

10.4.1　任务目标及效果说明

现代社会中,每个人的生活、工作和学习都离不开各种各样的信息,名片以特有的方式传递企业或个人业务、联系方式等信息,它是把自己介绍给他人的一种手段,是人际交往中的桥梁。如果把自己的名片制作得精致、富有个性,可以让他人很容易地记住自己,并给对方带来良好的印象。在 Photoshop 中设计制作名片时,首先要明确两个问题:一是名片的尺寸设置,二是分辨率的设置。如果采用胶印方式输出,分辨率不能低于 300ppi,以确保印刷的精度;如果采用彩色激光输出,分辨率可以适当降低一些。下面我们运用所学的 Photoshop 知识,为自己设计制作一款名片。

10.4.2　操作步骤

(1)按下"CtrL + N"快捷键,打开"新建"对话框。

(2)设置名片的参数,分辨率要设置为 300 像素/英寸。

(3)单击"确定"按钮,建立新文件,如图 10-25 所示。

(4)选择"编辑"—"首选项"界面,将界面背景设置为黑色,增加界面背景与名片主题颜色的对比度,便于操作,如图 10-26 所示。

(5)设置前景色为灰色 CMYK(57.48.43.0),新建"图层一",按下"Alt + Delete"快捷键填充前景色,如图 10-27 所示。

(6)使用"多边形套索工具"在图像窗口中依次单击鼠标左键,创建一个多边形选区。

图 10-25　设置名片参数

图 10-26　设置界面背景为黑色

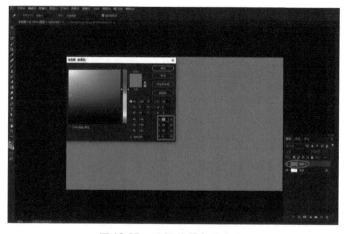

图 10-27　设置前景色为灰色

（7）设置前景色为白色 CMYK（0.0.0.0），按下"Alt + Delete"快捷键填充前景色。

（8）按下"Ctrl + D"快捷键取消选区，如图 10-28 所示。

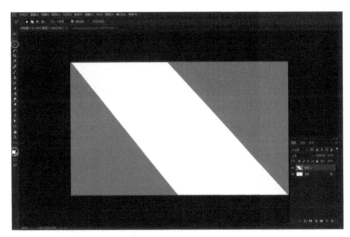

图 10-28 取消选区

（9）使用"多边形套索工具"在图像窗口中依次单击鼠标左键，再创建一个多边形选区。

（10）同样的方法将多边形填充为白色。

（11）按下"Ctrl + D"快捷键取消选区，如图 10-29 所示。

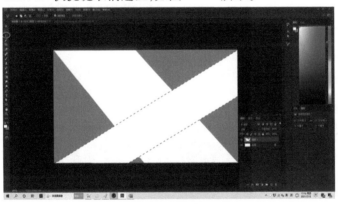

图 10-29 取消多边形选区

（12）选择工具箱中的"横排文字工具"。在工具选项栏中设置适当的字体、大小，并设置文字颜色为黑色。

（13）窗口中输入文字"DSQO"，如图 10-30 所示。

（14）选择工具箱中的"横排文字工具"，设置适当的字体、大小、颜色。在图像窗口中输入名片职位姓名的信息，如图 10-31 所示。

（15）打开"10-4. jpg"图片文件。

（16）选中选择"魔棒工具"，选择素材图中的电话图标，"Ctrl + C"复制电话图标，如图 10-32 所示。

（17）名片操作界面，"Ctrl + V"，将复制的电话图标粘贴到名片上，并调整合适大小和位置。

图 10-30　输入文字

图 10-31　输入名片信息

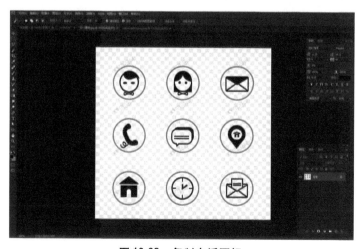

图 10-32　复制电话图标

（18）在图标后面输入相应的联系方式，如图 10-33 所示。

图 10-33 输入联系方式

（19）在图像窗口中分别输入其他名片的信息，如邮箱、地址、公司等，如图 10-34 所示。

图 10-34 输入信息

（20）按前面的方法，制作名片的背面，如图 10-35 所示。

图 10-35 制作名片背面

10.5 包装的贴图

10.5.1 任务目标及效果说明

网购的时候,可以看到有很多空白的牛皮纸盒子,那种盒子上可以订制我们喜欢的图案吗? 制作出来是什么样子呢? 学会 Photoshop 后我们就可以先在自己电脑上制作一个看看,整个制作过程比较简单,同学们只要跟着做就可以完成制作了,期间要用到滤镜中的消失点,制作盒子的透视面,再把图案置入,更改一下混合模式就可以了(制作前后效果见图 10-36、图 10-37),之前设计好的书籍封面也可以利用相同的方法贴到空白的书籍上。具体一起来学习一下吧。

图 10-36 素材图   图 10-37 效果图

10.5.2 操作步骤

(1)打开素材中的"10-6 素材一. jpg"图像文件。

(2)按 F7 键打开"图层"面板。

(3)按"Ctrl + Shift + U"对图片进行去色,如图 10-38 所示。

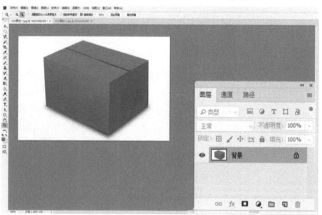

图 10-38 对图片去色

(4)打开素材中的"10-6 素材二. jpg"图像文件。

(5)按"Ctrl + A"全选图片,按"Ctrl + C"复制图片,如图 10-39 所示。

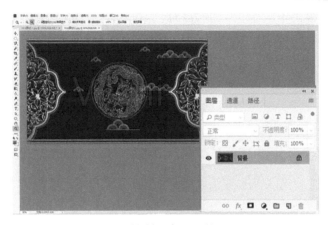

图 10-39 复制图片

（6）回到纸箱图片，创建新图层"图层 1"。执行"滤镜"—"消失点"，如图 10-40 所示。

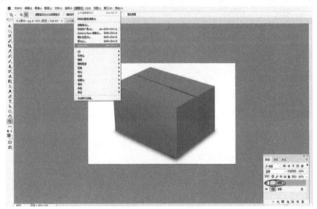

图 10-40 创建新图层

（7）在"消失点"操作界面选择"创建平面工具"，在包装顶面上单击四个顶点，如果显示蓝色，说明选择正确；如果显示红色，说明选择区域有误，如图 10-41 所示。

图 10-41 应用"创建平面工具"

（8）按 Ctrl 键单击中间锚点向下方拉取右侧透视图，并调整锚点位置，如图 10-42 所示。

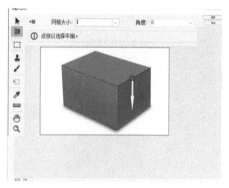

图 10-42　调整锚点位置

（9）同样的方法拉取左侧透视图，如图 10-43 所示。

图 10-43　拉取左侧透视图

（10）按"Ctrl + V"将刚才复制的素材二图片粘贴到上面，按"Ctrl + T"调整图片大小，并用鼠标来回拖动，拖动到合适位置，单击"确定"按钮，如图 10-44 所示。

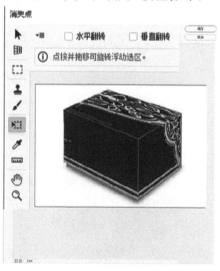

图 10-44　复制素材图片并调整图片大小

（11）选择"图层二"，"Ctrl + T"，右键单击变形，对贴图进行细微调整，直到完全覆盖包装，如图 10-45 所示。

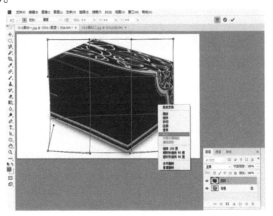

图 10-45　调整贴图

（12）将"图层一"混合模式设置为"叠加"，并将完成的效果图命名为"包装贴图"，如图 10-46 所示。

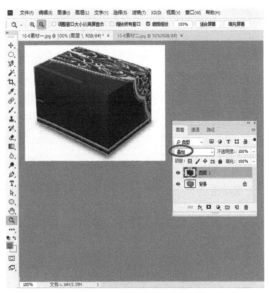

图 10-46　设置混合模式为"叠加"

10.6　新冠疫苗的海报设计

10.6.1　任务目标及效果说明

在我们的生活中，到处都是各种各样的海报，例如宣传海报、营销海报、公益海报等，几乎都是用 Photoshop 软件来制作的。无论是自我宣传用还是客户要求的，海报设计都是设计人员经常碰到的一种形式。因此，今天我们的主题就是介绍海报的设计技巧，以提高大家的海报设计的创作灵感。

10.6.2　操作步骤

（1）新建大小为 15 厘米 × 22 厘米，分辨率为 300 像素/英寸的文档，如图 10-47 所示。

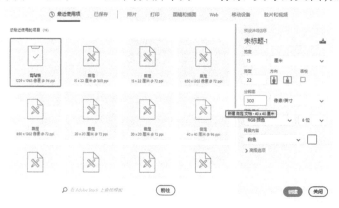

图 10-47　设置文档参数

（2）设置前景色 RGB（56.0.3）（见图 10-48），背景色（163.0.0）（见图 10-49）。

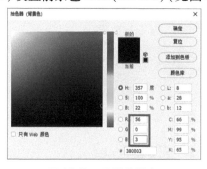

图 10-48　设置前景色

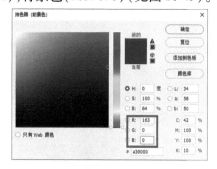

图 10-49　设置背景色

（3）为背景填充前景色到背景色的径向渐变，如图 10-50 所示。

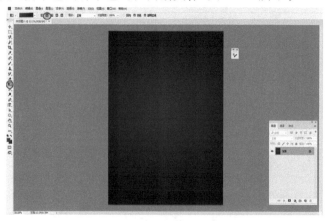

图 10-50　前后背景色径向渐变

（4）选择"涂抹"工具，打开"画笔面板"，设置相应的笔刷参数，如图 10-51 所示。

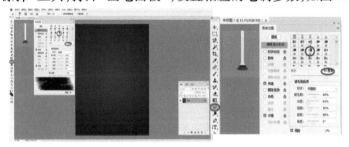

图 10-51　设置笔刷参数

（5）在背景图层中配合 Shift 键从上向下对背景进行涂抹，如图 10-52 所示。

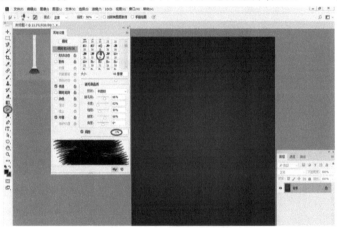

图 10-52　对背景进行涂抹

（6）打开"10-7 素材一. psd"文件。选择"魔棒工具"点击背景，按"Ctrl + Shift + I"快捷键反选，按"Ctrl + C"快捷键复制人物素材，如图 10-53 所示。

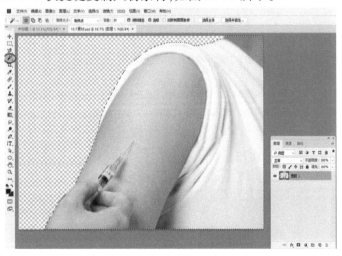

图 10-53　复制人物素材

（7）按"Ctrl + V"将刚才复制的素材粘贴到背景图层中，如图 10-54 所示。

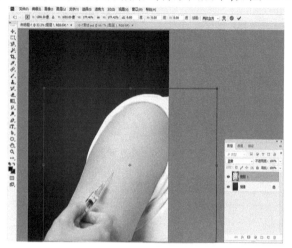

图 10-54　合并素材

（8）选择"文字"工具，设置合适的参数，在适当的位置输入"-建立全民免疫-"，如图 10-55 所示。

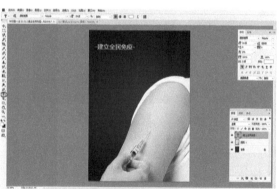

图 10-55　输入文字（一）

（9）同样的方法完成左下角的文字输入，如图 10-56 所示。

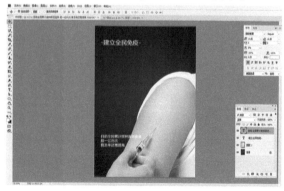

图 10-56　输入文字（二）

（10）改变前景色颜色，输入"预防接种，人人有责"，如图 10-57 所示。

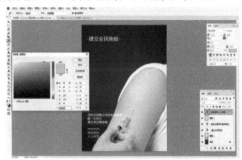

图 10-57　输入文字（三）

（11）工具栏中选择直排文字工具，设置合适的体字号，输入"需要你的一臂之力"，如图 10-58 所示。

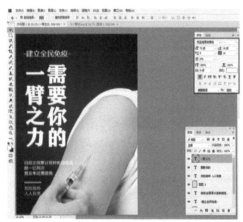

图 10-58　输入文字（四）

（12）按 Shift 键，选择两个文字图层"需要你的""一臂之力"，单击鼠标右键将文字图层栅格化，如图 10-59 所示。

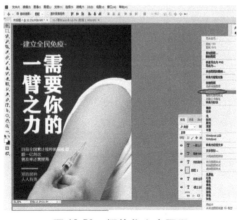

图 10-59　栅格化文字图层

（13）按 Shift 键，选择两个文字图层"需要你的""一臂之力"，右键将两个图层合并，如图 10-60 所示。

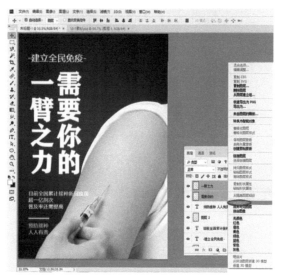

图 10-60　合并图层

（14）工具栏中选择"矩形选框工具"，在"一""需"两个字中间部分往下拖动，按"Ctrl + Shift + J"快捷键，将选区内容复制到一个新图层"图层一"中，如图 10-61 所示。

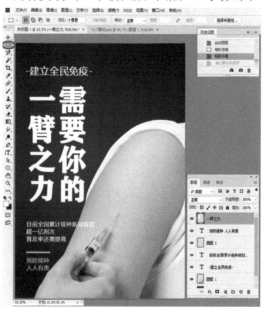

图 10-61　复制选区内容

（15）按"Ctrl"键，单击鼠标"图层一"缩览图，将"一""需"两字的下半部分载入选区，选择"渐变工具"，在渐变工具中选择"中灰密度"的线性渐变在选区中拖动，形成如图 10-62 所示效果。

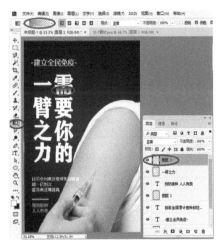

图 10-62　调整灰度

（16）同样的方法设置其他几个字的渐变效果，如图 10-63 所示。

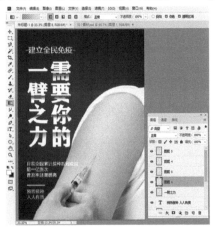

图 10-63　设置渐变效果

（17）将"素材二"二维码拖置到右上角，并输入文字"扫码预约"，最后将其保存为"新冠疫苗接种海报.jpg"，见图 10-64。

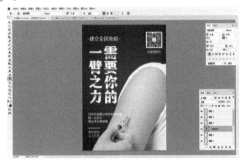

图 10-64　海报制作效果

参考文献

[1]李涛.Photoshop CC 2015 中文版案例教程[M].北京:高等教育出版社,2018.

[2]皱羚.Photoshop 图像处理项目式教程[M].北京:电子工业出版社,2014.

[3]段欣.Photoshop CS3 案例教程[M].北京:电子工业出版社,2010.